Berichtigung.

S. 39. Z. 4. von unten: — anstatt: — auf das Lechfeld und Hauptschloß Hohenaschau, — muß es heißen: — auf das Lechfeld nach Schwaugau und von dort auf der Freiberge Hauptschloß Hohenaschau.

Hohen-Schwangau,

die

Burg der Welfen,

der Hohenstauffen, der Wittelsbacher.

Berlin,

bei G. Reimer.

1836.

Von den Julischen Alpen, wo Lech und Inn einander am nächsten sind, an dem Bodensee und hinauf an der Iller und Schussen, zeigt sich zuerst die Wiege, der Sitz, und dort zeigen sich die Gräber der Welfen. — In dem Völkerbunde, der bald nach König Etzels gähem Tod und dem nicht minder gähen Zerfallen seines Reiches, das linke Donauufer einnahm und in der Folge mit dem Bundesnamen Bajuvarier auftrat, abenteuerten die Schyren, Heruler, Rugier und Turcilingen mit Odoaker nach Italien und stießen den Knaben Augustulus vom Thron. — Später zogen die verschiedenen Schwärme der Heruler unter großen Unfällen wieder bis an die Ostsee hinauf. Es wurden die Schyren von den Gothen fast vertilgt und nur jene Geschlechter erhalten, die als die ersten und edelsten, als der Hauptstamm, den Namen des Volkes selber trugen. (de scyrorum gente, quae tunc supra Danubium considebat, Gothi pene omnes extinxerunt, nisi qui nomen ipsum ferrent, sagt Jornandes.) — Ethiko und Welf gehörten zu diesen Vordermännern der Schyren. — Nach Jahrhunderten hießen noch die Helden dieses Stammes: Ethiko und Welf, wenn sich schon ein anderer Zweig des weitläufigen Stammes absonderte, an der Isar und Ilm, vorzugsweise den Kern der alten Schyren fortpflanzend. — Als das Reich der Merowingen in Kindern und Schwächlingen verfaulte, während ihnen die großen Majordome, Carl der Hammer und Pipin, die Allemannen, die Thüringer, die Bajuvaren unterwarfen, saß Graf Welf zu Altdorf bei Rawensburg im schwäbischen Allgäu, frei und herrlich auf freiem, herrlichem Erbe. Vom ersten in dunkler Sage schwebenden Welf, werden insgemein zwölf, von den allemannischen Kammerboten Warin und Ruodhard und von Isenbart, welchem ein launigtes Volksmährchen zwölf Söhne auf einmal giebt, drei und zwei Geschlechtsfolgen gezählt. Die Urkunden wissen noch nichts von ihnen und die wenigen, einsylbigen Zeitbücher, kaum mehr als den Namen. Aber desto lauter wurde es von Judith, der Tochter Welfs und Ludwigs des frommen zweiter Gemahlin, Carls des kahlen Mutter, der Brandfackel, der vatermörderischen Fehden Lothars, Ludwigs und Pipins, der Söhne erster Ehe.

Den Stolz der Freiheit hatten die alten Welfen, Heinrich, des jüngern Ethiko Sohn, hatte den Stolz der Macht. Der Kaiser Arnulf, dem ein Haase die Stadt Rom eroberte, hätte den Heldenjüngling längst gern als seinen Mann, in seinem Heere gehabt: überhaupt darnach lüstern, der wenigen, noch ganz freien und unabhängigen Großen Hochmuth zu brechen. — Heinrich bat sofort den Kaiser um so viel Land nächst seinem alten Stammgut vom Lech an die Ammer, bis zur Loysach und Isar, als er vom Morgen bis Mittag mit dem Pfluge zu umziehen vermöge. Dieses Land wolle Heinrich dann zu Lehen nehmen und der Welfen uralte Freiheit dem Kaiser unterwerfen. — Nun nahm Heinrich einen kleinen goldenen Pflug, schwang sich auf sein schnellstes Roß, von Strecke zu Strecke standen ähnliche Renner bereit. Schon war er vom Lech an dem Plansee, am Eibsee, um den Ammergau herum, über eine große Strecke des Scharnitzerwaldes, bis gegen die Isar, als eine Stute ihn noch auf einen entscheidend wichtigen Berg tragen sollte. — Sie versagte aber durch ungewohnte Mattigkeit ihren Dienst und so ihrem Herrn noch größeren Erwerb. Darum habe kein Welfe fürdermehr eine Stute bestiegen, der Berg aber den Namen Mährenberg erhalten. Der Kaiser hatte eben ausgeschlafen, als er, obwohl zürnend, den Betrug erfuhr, doch sein gegebenes Wort nicht zurücknahm.

Anders nahm es der alte stolze Vater Ethiko. Er wollte weder den Sohn, noch seine Burg, noch sein eigen Land mehr sehen, wählte aus seinen Dienstleuten zwölf Gefährten der Trauer, begrub sich mit ihnen und mit seinem schmerzlichem Ingrimm in den dichtesten Wald des Ammergaues und lebte in dreizehn Clausnerzellen dem Gebet und der Arbeit in der Einöde, bis er beim Hereinbrechen der schrecklichen Ungarn, ein Freier zu den freien Vätern hinüberging. — Ein später Enkel, Heinrich der schwarze, baute ein kleines hölzernes Kirchlein in Ethikos-Thal. Ludwig der Bayer, aus dem wälschen Lande der Untreue wieder hier den Fuß setzend in sein treues Bayerland, machte in Ettal eine Stiftung für zwanzig gelehrte Mönche, für dreizehn tapfere Waffengefährten mit ihren Frauen, für sechs Witwen auf dem Bette der Ehren ritterlich für Bayern gefallener Männer. — Der Welfen Besitzthum dehnte sich immer weiter aus, am obern Inn und durch

Vintschgau hinunter bis nach Botzen, ihrer mächtigen Grafschaft. Sie ging ihnen aber allzubald an das Hochstift Trident verloren, wie die Grafschaft des Norithales mit der Eisackklause unter Seeben an den Bischof von Brixen. Der jüngere Welf hatte sich nämlich mit dem, nach Burgund trachtenden Herzog Ernst von Schwaben und mit dessen Freunde, Werner von Kyburg gegen Ernst's Stiefvater, Kaiser Conrad verbunden, er hatte seine Acht und sein Unglück getheilt. — Seinem Sohne Welf gab Conrad das entlegene Herzogthum Kärnthen. Dieser starb (1057) als der letzte seines gewaltigen Mannesstammes. — Seine Schwester Kunigunde, (Cuniza) war dem, im hintersten Toskana und am untern Po bis zur Etsch und zum Mincio, überall mächtigen Markgrafen Azo vermählt. Sein Haus hat späterhin den Namen von Este genommen. — Azos und Kunizas Sohn, gleichfalls Welf, eilte nach Schwaben, der Mutter Erbe zu retten. Er erhielt 1011 durch Heinrich IV. das dem sächsischen Otto von Nordheim abgenommene Herzogthum Bayern.

Die uralten Welfen waren erloschen. Dieser Welf gründete das jüngere welfische Haus, das in Windsor und Braunschweig, das über ferne Meere, Inseln und Welten den Scepter ausstreckt und auch noch vor Kurzem am alten Stammsitz von Modena herrschte.

Das Haupt der Schyren, Luitpold, der Deutschen Held wider die drei großen Gefahren der Zeit, wider Normannen, Marhanen und Ungarn, war im Kampfe wider die letzteren gefallen. Sein Sohn Arnulf der größte Bayerfürst, (die Pfaffen hießen ihn Arnulf den bösen), nannte sich „Herzog und König Bayerns und der angränzenden Lande." — Sein Sohn, gleichfalls Arnulf, eine Burg an der Ilm sich erbauend, nannte sie nach dem uralten Geschlechtsnamen: Schyren, (Scheyren.) — Wie Welf gegen Conrad II. hatte sich Arnulf in einen Familienaufruhr wider Otto den großen eingelassen. Vom goldenen Stuhl seiner Väter vertrieben, verschwand er unter Rosseshufen in einem Ausfall aus dem Osterthore des belagerten Regensburg. — Bayern wurde eine Sekundogenitur des sächsischen Kaiserhauses, fast durch achtzig Jahre. Dann kam es auf mehr als ein Jahrhundert an die Welfen und mit dem Falle Heinrichs des Löwen zu den Schyren zurück. (1180.)

Die Welfen und Schyren umgiebt ein unübertroffener Alterthumsglanz. Ueber beide erhebt sich auf einmal ein drittes Haus, nicht auf Altersruhm, überhaupt auf gar kein Almosen des Zufalls, sondern bloß auf persönliche Größe gegründet. — Kaum weiß man, wann, mit wem und woher es gekommen? Die Herren des Dörfchens Beuern am Fuße des Hohenstauffens ragten über andere Edelherren so wenig hervor, daß es als ein ausgezeichneter Glücksfall erschien, als eine reiche Elsasserin Hildegard, Friedrichen von Büren die Hand reichte und sie mit einander in das neuerbaute Schloß, auf den Felskegel des Stauffen hinaufzogen. — Ihr Sohn Friedrich nannte sich nach der neuen Burg: von Hohenstauffen. Heinrich IV. in der höchsten Noth, gab ihm das Herzogthum Schwaben und seine Tochter Agnes. Sein Enkel war der vom Anfange bis zum Niedergange leuchtende Barbarossa. — Als der jungen Stauffen Oheim, Heinrich V. erblichen, war zwischen den Welfen und den Stauffen die grimmigste Nebenbuhlerschaft. Die Stauffen weichen, doch mit Ruhm; ihr Feind, Kaiser Lothar stirbt und jetzt sinken die Welfen und die Stauffen beginnen die lange Reihe der Schwabenkaiser. Der junge Friedrich thut

Alles für die Welfen, sie zu versöhnen und den jungen Freund und Vetter Heinrich den Löwen zu gewinnen. — Dieser heldenkühne, strenge und bei allem Verstand, den Ordnungsgeist mit Geitz, den Uebermuth mit Muth, die Staatsklugheit mit treuloser List verwechselnde Fürst, war Herr des alten, großen Sachsen. Er war Herr des alten, großen Bayern, der reichen Winzenburgischen und der Erbschaft Kaiser Lothars, unumschränkter Herr wichtiger Eroberungen über die nahen Bischöfe, über die Friesen, Slaven und Wenden und hiedurch Schöpfer eines mächtigen Staates im Staat, an den Ausmündungen der größten deutschen Ströme, an der Ost- und Nordsee, der ohne des Rothbarts persönliche Größe, den deutschen Reichsverband bereits faktisch aufgelöset hätte Wäre der Löwe vom Barbarossa, dem alten Freund, als er ihn heiß und flehentlich, ja zuletzt auf den Knieen um seinen Beistand gegen die Lombarden beschwor, nicht gewichen, hätte Heinrich vielmehr der Hohenstauffen unglückliches Drängen nach Italien aus allen Kräften unterstützt, die Einheit Deutschlands, wie Viele sie heutzutage verstehen (und nach den Omissions und Commissionssünden des Wiener Congresses kaum anders verstehen können) wäre ihrer Verwirklichung, (wenigstens auf ein Paar Jahrhunderte) nie näher gewesen, als damals!!

Und — eine stille, heitre Burg am Fuße der Alpen läßt uns alle die großen Heldengeister in einem Zauberspiegel so mild, wie ihre Schwanenteiche und Seesufer vorüberschweben! — Welfen, Hohenstauffen, Schyren, haben hier gehauset und gewaltet. Hier flicht sich der Kranz der erhebendsten germanischen Erinnerungen — und wie wunderbar! — am Fuße dieser Burg erging mit Kaiser Lothars Tode, die erste starke Warnung an die Welfen. — Lothar hatte die Stauffen aufs

Aeußerste getrieben. Immer blieben sie edel und großmüthig: so Herzog Friedrich zu Zwyfalten als Heinrich der stolze, der treulos ihn fangen wollte, von ihm gefangen ward: so war Conrad in der größten Gefahr seines Hauses, ehrerbietig beim heiligen Grabe weilend und heimgekehrt, statt zu verzagen, kühn die eiserne Krone auf sein Haupt setzend und Italien aufregend und die Mutter Agnes, Speyer zu verzweifeltem Widerstande bestimmend, so daß Lothar, (dem seine Mutter mit Recht ein Schwert mit hölzerner Klinge zugeschickt,) den Stauffen ehrenvollen Frieden geben mußte, um seine Romfahrt anzutreten.

Und derselbe Lothar auf der Heimkehr, im Dörfchen Breitenwang (in Breduwanc, in vilissima casa inter Oenum et Lycum,) im Sterben; die Krone dem Welfen, Heinrich dem stolzen, seinem Schwiegersohn hinreichend, der sie doch den Stauffen lassen mußte und geächtet und unstät, kaum ein fürstliches Grab fand — und dies Breitenwang gerade bei dem, die Welfen, Stauffen und Schyren in eben so milder als stolzer Erinnerung vereinigenden Hohenschwangau — und der zweite, wahrhaft tragische Warnungs- und Wendepunkt, wo der Barbarossa dem Löwen im Uebermaaße des Gefühls und im Andenken alter, nicht verrosteter Liebe, einen Augenblick zu Füßen fiel, dieses idyllische Partenkirch, — auch nur wenige Stunden von Hohenschwangau!?

Auf eben diesem Hohenschwangau schied der letzte Hohenstauffe, der sechzehnjährige Conradin, auf den immer dringernden Ruf der Ghibellinen, vom deutschen Vaterlande, von Schwabens altwelfischer und stauffischer Muttererde, (von der er, was sein war, seinen Oheimen, den Schyren auf ewig ließ,) er schied, um nach anfänglichem Sieg auf Sieg und nach einem in Kaiserpracht gehaltenen Einzug auf das Capitol überwunden, verrathen und in die Haft des fatanischen Gegners verkauft, vor der Burg seiner Väter, im Angesichte des göttlichsten Meerbusens, aber auch des schwarzen Vesuv und des sündenvollen Capri, mit seinen Getreuesten und Liebsten unter Henkershand auszubluten.

Wem ist die Burg doch eigen, die nach am Lech sich hebt,
Wo sich die Marken scheiden? — Ei wie so stolz sie strebt!
Auf Bayerns Boden fußt sie und blickt so frei hinein
Ins schöne üpp'ge Schwabenland und ins Tyroler Gestein.

Das ist 'ne Burg der Ehren, ein rechter Lug'insland
Da ward die Minneharfe gerührt von Kaiserhand,
Noch wehen die alten Lieder um's Schloß bei Mitternacht,
Und säuseln bis zum Untersberg: ob Stauff noch nicht erwacht?

Wo sich drei Marken scheiden, da steht das alte Schloß;
Von dreien Heldenstämmen trug es gar manchen Sproß.
Dreiastig schlingt der Epheu um den Thurm dort hin;
Den Welfen und den Stauffen, den Schyren gilt dies Grün. *)

Wo der Lech aus engem, dunklem Schlunde, zwischen schroffen Felszacken brausend und reißend den Durchgang erzwingt und zwischen Bayern, Schwaben und Tyrol die dreifache Gränzmark bildet, am Fuße der oft aus den Wolken, oft über die Wolken emporragenden, zum Theil durch ewigen Schnee und Eis gegen die Macht der Sonne geharnischten, das heutige Tyrol vom alten bayerschen Mutterlande sondernden Riesenhäupter, des Seiling, Neideck, Straußberg und anderer, (vom Volkswitz etwas unsauber getauften) Bergesgipfel, zwischen dem lieblichen Schwansee und dem düstern Alpsee, welche der Wendlingteich verbindet, erhebt sich ein ungeheurer Marmorblock. — Aus seiner zauberischen Waldeinsamkeit schaut er weit hinaus nach des Schwabenlandes fruchtba-

*) Historisches Taschenbuch VI. 1 — 3. von 1835.

rer Fläche, jenseits des die Landschaft mit breitem, blitzenden Silberband durchziehenden Lechstromes, rechts liegt der große, kaum eine Stunde entlegene Bannwaldsee. Auf diesem, nun reichbewaldeten Felsblock hatten bereits die Römer eine Warte gethürmt. Das Mittelalter baute darauf die gewaltigen Burgen Vorder- und Hinterschwangau. Rechts des Letzteren liegen die Trümmer der Ringmauern und des Wartthurmes der Ersteren, wo der wilde Bergbach, der Böllat, einen majestätischen Wassersturz bildet. — Von den Römertagen bis auf die unsrigen hatte dies Fleckchen Erde fort und fort geschichtlichen Charakter behauptet. — Cäsars Name kehrt mehrmals wieder, der Julische Schlund, die Julische Alpe heißt der Gebirgszug. Von der Klippe zur Klippe, zwischen denen der Lech durchbricht, läßt die Sage den Cäsar zu Pferde überspringen und dies Gelände die Julische Stirne der Alpen benennen. — Zeit und Mundart haben die frons Julii in Pfronten, den Saltus Julii in Lusalt verändert, die fauces Juliae in Fuezze, Füssen, (das Loch zu Fuezzen, die Clause zu Füzzen, heißt es in Urkunden von jenem Engpaß; — Lug ist Loch, wenn in der Tiefe, aber wenn in der Höhe, kömmt es von Lugen, Schauen, Luginsland, eine Warte, so auch das Loch am Brenner, das Loch im Matreierwald Antrum, spelunca, in sylva Matrei, 1240, 1263, 1308 der Zoll zem Louge, uf dem See ob dem Luoge, der See auf der Höhe des Brenner, die Klause Lueg, der Burggraf zum Luege rc.) — Der Lechschlund zu Füssen, war vom großen Dietrich zu Bern, dem ostgothischen Herzoge beider Rhätien zu wachsamer Obhut empfohlen. Er spielt in der Christianisirung dieses Geländes eine wichtige Rolle. Den Fußstapfen des heidnischen Helden folgt ein christlicher, der frische Kriegsmann Magnus, insgemein S. Mang. Sein

Stab und Kelch werden noch in der, nach ihm benannten Capelle der ehemaligen Abtei S. Magnus in Füssen aufbewahrt. — Ein Schüler der Apostel Alemanniens, S. Gall und S. Kolumban, den Kriegsgürtel mit der Stole vertauschend, trat er zu Epfach, wo die Christen ihr Kirchlein und ihre Habe auf dem düstern Lechhügel mit den Römersteinen des zertrümmerten Abodiacum, eine nothdürftige Schutzwehr gegen die mörderischen Streifereien der Barbaren aufgeworfen hatten, vor den edlen Welfen Wikterp. Dieser stand der Augsburger Kirche vor, von den letzten Tagen Carl Martells, unter Pipin und Carl dem großen (738 — 768.) Als der tapfere Mang bei Roßhaupten den größten, dieser Gegend überaus furchtbaren Lindwurm erschlug, bei Waltenhofen das erste Bethaus erbaute, muthig an den Lechschlund drängte, (wo noch „S. Magnus Fußtritt" im Felsen,) kühn hinübersprang und in das am Abgrund hangende hölzerne Blockhaus der Räuber Feuer geworfen, überhaupt die Gegend von thierischen und menschlichen Ungeheuern befreit hatte, schenkte Pipin ihm den Wald mit aller Zubehörde, mit Gütern und mit Zinsleuten im Gaue Keltenstein. — Die Wälder zu lichten, die Sümpfe zu trocknen, den Urwald mit kümmerlichem Saumpfad und Stegen zu durchscheiden, die Eisenerze zu gewinnen, die reißenden Thiere zu mindern, war S. Mangs Tagewerk bis an seinen Tod. — Außer Altdorf, der Umgegend an der Schussen, Weingarten, dem Erbbegräbniß, Kaufbeuern und Grünwerd, (nachmals Memmingen) war kein welfischer Besitz älter, als dieser zwischen Lech, Ammer und Loysach, zwischen Lech und Inn, bis in die Eiswelt des Oetzthales und zum Thimmelsjoch, an die furchtbare Finstermünzer Clause und an die Seen des Fern, Schwangau, Steingaden, Schongau, Peiting, Peissenberg, Raitenbuch, das Lechfeld bis Gunzenlech hinauf, Altomünster, Landsberg, Ammergau, der große Scharnitzerwald, (der so gut, als der Thüringer=, Böhmer= und Schwarzwald und gleich den großen Reichswäldern des Weilhart und Höhehart als Landesmark und unermessene Domaine bezeichnete.)

Seine Burgen gab das erlauchte Geschlecht häufig in Dienst= und Lehensfolge, minderem Adel. Dadurch sind oft aus Gleichheit des Namens, (manchmal sogar des Wappens,) Ministerialen=, Dienst= und Lehens=Mannen mit ihren Herren verwechselt worden. Bei dem Urstamme der Welfen war eine solche Verwechselung freilich schwer möglich.

Doch haben sie die uralte Burg frühe dienstbarem Adel gegeben. Die Edeln von Hohenschwangau führten den auf diesen Seen erweislich im hohen Alterthum einheimischen Schwan auf Titel und Siegeln; die unter dem Volke noch immer im Schwunge gehenden Mährchen vom Schwanenritter haben hier zur Zeit noch keine festere, geschichtliche Begründung gefunden. Aber gerade die Sage, das Volks= und Kindermährchen bestätigen es auffallend

> Was sich nie und nirgend hat begeben,
> Das allein veraltet nie, —

eben sowohl als:

> Was sich stets und überall begeben,
> Das allein veraltet nie.

Dieser Hohenschwangauer Edelstamm zieht vom XII. bis ins XVI. Jahrhundert herab und erscheint häufig in den Urkunden der Welfenklöster Steingaden, Raitenbuch und Polling, aber auch in den Augsburgischen und Tyrolischen.

Schon der Ritter von Lang hat es geahnet und es ist bei strenger Durchlesung der betreffenden Urkunden unläug=

bar, daß, (der scheußlichen Lesearten Swangen und Swanegoro statt Swangew und Swanegowe in den alten monumentis boicis, VI. und VIII.) nicht zu erwähnen, häufig Schongau mit Schwangau verwechselt wurde, Swanegowe mit Sconegowe, mehrmals bloß, wie bereits oben gesagt, aus unrichtiger Leseart, — z. B. am 22. April 1263 bestätigt Conradin zu Schongau unter Gezeugschaft Conrads von Hohenschwangau, der Edeln von Brukberg, Mindelberg, Lechsberg, Lichtenberg, des Probsten und Vogtes von Schongau, dem vom alten Welf gestifteten Raitenbuch, die Mühle zu Schongau, (Mon. Boica VIII. 32. 34.) und am nämlichen Tage giebt er auf Hohenschwangau, Hugo von Montalban einen Brief: Hugoni de Montalban fideli nostro, nec non filiis et filiabus ejus legitimis, bona nostra, sita in Scharnitz, officio nostro in Augusta pertinentia, sibi jam a patre nostro Cunrado in romanorum regem electo, Jerusalem et Sicilie rege collata, denuo in rectum feodum duximus concedenda, que bona redimere tenetur, pro quadam quantitate et tenere de cetero ad usus suos. Ad cujus rei memoriam presentes litteras fieri fecimus sigillo nostro munitos. Datum in castro nostro Swanegowe anno gratie MCCLXIII Indictione VI. decimo Kalendas Maii.

Die Montalban, aus Hohenrhätien und dem tyrolischen Vintschgau herstammend, hatten sich mit den Schwangauern verschwägert. Obiges Diplom Conradins ist eine bloße Bestätigung der (1802) durch den Freiherrn von Hormayr in seinen Beiträgen zur Geschichte Tyrols im Mittelalter aus dem Wiener Hausarchiv herausgegebenen Verleihung eben dieser, zum Stauffischen Hauptrentamt Augsburg gehörigen Güter um die Scharnitz, seines Vaters Conrads IV. d. d. Augsburg 24. Juli 1251: —

Conradus dei gracia romanorum in regem electus semper Augustus. Jerusalem et sicilie rex, tenore presentum notum facimus universis, quod nos Hugoni de Montalban fideli nostro, nec non filiis et filiabus ejus legitimis, bona nostra sita in Scharnitz, officio nostro in Augusta pertinentia — in rectum feodum duximus concedenda, que bona redimere tenetur, pro quadam pecunie quantit. et tenere de cetero ad usus suos. Ad cujus rei memoriam presentes litteras fieri fecimus sigillo nostro munitos. Datum apud Augustam. 24 Julii IX. Indictione. (1251.) — Graf Ulrich von Ulten und Eppan, Markgraf zu Romsberg, von dem auch viel Welsches Gut an die Stauffen gedieh, hatte schon im October 1227 in der Au bei Botzen, der Abtei S. Johannis in Steingaden reiche Bewässerung für ihre Weingärten in Hagenach und Rumetz und die Kinder Heinrichs des Meyers von Tsars geschenkt, Graf Albrecht von Tyrol aber 1233 auf der Burg Tyrol die Abgaben von ihrem Hof zu Dornach das Recht des Burggrafen, genannt Dorfrecht zu Dornach und zu Tsars nachgelassen. Die Pfarre Tsars und einen großen Theil des Dorfes besaß Steingaden, unter Zustimmung des Bischofs Heinrich von Chur, durch Schweiker von Montalban und seine Söhne Hilteboldt, Uto und den jüngern Schweiker nicht ohne heftigen Widerspruch des Bruders, Hugo von Montalban. Ende Aprils 1266 verstanden sich zu Mals im Herrenhause des Bischofs, dieser und die Montalbane darüber, das Kloster fortan zu beruhigen. 1381 verzichteten Heinrich und Uto von Montalban, Söhne weiland Utos von Tsars, zu Gunsten Steingadens auf den Weinzoll zu Tsars, unter Beistimmung Meinhards, Grafen zu Tyrol und Görz.

Das heutige Schongau sonderte sich von dem alten, in den Tagen Friedrichs II., durch die Veränderung des

Lechrinnsales, womit denn auch Flößer, Schiffer, Fischer, Handelsleute und Gewerbe bald übersiedelten. — Schon 1253 heißt es: ad civitatem veterem Schongaue, nämlich das jetzige Pfarrdorf Altenstadt am Schönabach, dessen ehrfurchtgebietende, gothische Kirche mit ihren Resten byzantinischen Styles, mit ihren Templerzeichen, 1828 aufs lobenswertheste restaurirt wurde. 1289 überließ Bruder Friedrich der Wiltgraf, Meister des Tempels durch Alemannien und Slavenland, mit Gutheißen Heinrichs des Commenthurs des Tempelhauses zu Moosbrunn und Bruder Eberwins, Commenthurs des deutschen Hauses in Mergentheim, den Prämonstratensern in Steingaden, der Templer weitläuftigen Besitz in der Umgegend, insonderheit ihren Sitz in antiqua civitate Schongau. — Außer allem Zweifel ist (zumal bei dem früheren, weit mehr rechts oder östlich ziehenden Laufe des Lechs,) Hohenschwangau eine Hochwarte römischen Ursprunges, nicht so das mittelalterliche Schongau. — Gleich als die wilde Brandung der Völkerwanderung sich gesetzt, baute das frühe Mittelalter stets auf römische Grundlagen. Dieser Wiederbau trägt auch die Schuld, daß wir verhältnißmäßig so wenig Römermahle besitzen. Je cultivirter das Land, je glänzender sein Mittelalter (wie z. B. das Babenbergische in der Ostmark, oder der Rhein unter den Ottonen,) desto weniger zahlreich, desto weniger vollständig sind ihre Römerbauten und Römermahle: weßhalb in Siebenbürgen noch so viel von Szarmizegethusa und Apulum und an der türkischen Donau weit mehr von Trajan und Hadrian, als an der oberen Donau von Laureacum, Vindobona und Carnuntum übrig ist.

Weit wahrscheinlicher ist das feste, früher weit ausgedehntere, uralt-welfische Schwangau und nicht das im Flußthale gelegene, erst unter Friedrich II. erweisliche

Schongau, jenes Esconouuaga, wo Otto III. auf seiner italienischen Heerfahrt anhielt, wo 1004 Heinrich der heilige das Lechfeld herunter, gleichfalls nach Welschland ziehend, anhielt, wo er seinem zu den Ungarn geflüchteten Bruder Bruno verzieh und zugleich die Gesandten empfing ihres Königs Waik, (in der Taufe Stephan) dessen Reiterstatue im hohen Bambergerdome noch zu wenig beachtet ward. — Sie ist das hohe Markzeichen, wie dieses Volk, das Nonantula verbrannte, die Schätze Vercellis plünderte, bis ins hinterste Burgund, bis an die französischen Seealpen sengte und brennte und in das Thor Constantinopels ein Loch hobelte, von Bayern aus, dem alten, wilden Nomadenleben zu Landbau, Sitte und Christenthum gewendet ward, wie Wenzelin von Wasserburg, die alte Nationalparthei aufs Haupt schlug und eine lange ungarische Heldenreihe, die der Bathorys gründete, und wie Hermann von Nürnberg dem ungarischen Kronprinzen, seine bayerische Braut, die schöne und stolze Gisela zuführte.

Eine andere, für Schwangaus Geschichte merkwürdige Urkunde, bewahrte seit der Josephinischen Klosteraufhebung das Innsbrucker Archiv. Ziemlich alte Abschriften derselben fanden sich auch in den Sammlungen des ständischen Syndikus Anton Egger von Marienfreund und des, seiner Zeit und seiner Klosterzelle weit vorangeeilten Philipp Nehrius Puell, regulirten Chorherrn der Canonie Neustift bei Brixen. Sie ist aus dem Archive des Nonnenklosters Mariathal bei Voldepp, am Eingange des wildschönen Brandenbergerthales, an der Einmündung der Brandenbergerachen am linken Innufer, neben den Messinghütten Achenreins und gerade gegenüber Stadt und Veste Rattenberg und dem metallreichen und gewerbfleißigen Brixlegg. — Dieser Urkunde Ausstellerin, die Königin Elisabeth,

Tochter des Bayerherzogs Otto des erlauchten und der welfischen Agnes, Erbin der Rheinpfalz, Enkelin Heinrichs des Löwen, wurde geboren 1231, — mit Conrad IV., 1241 verlobt, 1246 vermählt, hatte am 25. Mai 1252 Conradin zu Landshut zur Welt gebracht, vermählte sich zum zweitenmal dem Grafen Meinhard von Görz und Tyrol, 1286 Herzog in Kärnthen, einem vorzüglichen Werkzeuge der Erhebung Rudolphs von Habsburg, am 6. October 1259 und starb am 9. October 1273, kaum vierzehn Tage nach der Wahl Rudolphs, kaum fünf Jahre nach Conradins Hinrichtung. Sie ruht in der von ihr zu Conradins Seelgeräthe gestifteten Cistercienserabtei S. Johann in Stams. Ihre und Meinhards Tochter Elisabeth wurde die Ahnfrau des gesammten österreichischen Kaiserhauses. Den Titel einer römischen Königin hat die Mutter Elisabeth noch in späteren Jahren mehrmals geführt, öfter aber ausgelassen.

Nos Elyzabet Regina et comitissa Goritie ac Tyrolis notum facimus universis in Passyre, Stercinghe et in Insprucche thelonеariis, quod nos ob remedium anime nostre cellae, quam fideles nostri, fratres de Frundsperch juxta aquam, que dicitur Vulteppe noviter construxerunt, ut ibi diu noctuque omnipotenti deo servitia exhibeantur, gratiam hanc fecimus specialem et favorem, quod singulis annis sexaginta equi vinum, oleum, ligna et quecunque ad victum et amictum earum necessaria portantes sine omni mutae et thelonei exactione, possint transire et redire per omnes terminos nostre ditionis. Ad evidentiam predictorum et stabilem firmitatem, presentem paginam scribi fecimus et sigilli nostri robore communiri. testibus qui presentes fuerunt subnotatis, qui sunt hi: dilectissimus filius noster Chunradus Jerusalem et Sicilie Rex dux Swevie, excelsus princeps frater noster Ludowicus Comes Palatinus Rheni, dux Bàwarie, maritus noster Meinhardus comes Goritie ac tirolis, Tridentine, Brixinensis et Aquilegiensis ecclesiarum Advocatus, Albertus comes Goritie et Tyrolis, Bertoldus et Hainricus Comites de Eschenloh, Bernhardus et Gebhardus de Wilheim, Hinricus de Hurneheim, Bertoldus et Hartmannus Tarandi, Conradus de Frundesperch, Henricus de Matrei, Jacobus Trutesun, Henricus de castro S. Michahelis et alii quamplures. Datum in castro Swanegowe, X exeunte Augusto anno domini millesimo ducentesimo LXVII. *)

---

*) Raumer in seinen Hohenstaufen und vor ihm, Jäger in der Geschichte Conradins geben, (zusammengehalten mit den durch Hormayr und durch den Ritter von Lang gelieferten Zusätzen,) nachstehende Uebersicht, der von diesem letzten Stauffen bekannt gewordenen Urkunden.

1259 4. Jänner in Wasserburg. (Lünig R. Archiv Cont. II. Abth.) — 1261 8. Mai. Illmünster. (Gebauer Leben R. Richards.) — 1262 27. Septbr. in S. Gallen (Arp I.) — 18. Octbr. Constanz (Jäger Gesch. Conradins.) — 16. November. Augsburg. (Stuttgarder Archiv.) — 12. Decbr. Augsburg (Diplomator des Prälaten Schmidt.) 17. Decbr. Augsburg. (Stuttgarder Archiv.) — 1263 14. April. Steingaden. (Mon. boica VI.) — 15. April Kloster Wiltau bei Innsbruck. (Hormayrs Beiträge.) — 17. April. Wiltau. (Hormayr. Lori. Lechrain.) — 21. April Raitenbuch. (Hund Metropolis.) — 22. April Schongau, (vielmehr Schwangau?? Mon. boica VIII.) — 22. April in castro nostro Schwangaue. Obige Urkunde für Hugo von Montalban. — 1264 6. Febr. in Augsburg. (Urk. des Präl. Schmidt in Ulm.) — 11. März in Lengenfeld. (Lünig Spic. eccl. v. Weißenau.) — 25. April Wiltau. (Aettenkhofer.) — 8. Mai. Augsburg. (Schmidt ches Diplomatar.) — 7. Juli in Benediktbeuern (Mon. boica VI.) — 17. Juli in Lengenfeld. (Ussermann. episc. Würzb.) — 1265 30. Novbr. in Augsburg. (der Judenbrief.) — 1266 28. Mai in Cadolzburg. (Lang Jahrbücher.) — 14. August in Donauwerth. (Jäger.) — 18. Septbr. in Konstanz, (Jäger.) 18. Septbr. Viterbo. Clemens IV. Bannfluch über Conradin und alle seine Anhänger. (Lünig cod. dipl. Ital.) — 3. Octbr. Augsburg. (Stetten.) — 22. Octbr. Augsburg. — 23. Octbr. (hist. dipl. Naimberg. Lori Lechrain. Mon. boica XXII.) Augsburg, 1. Novbr. in Schongau. (Tschudi.) — 5. Novbr. in Schongau. (Schwan-

Curia supra montem, Curia nostra, Curia Ducis supra montem heißt der merkwürdige Ort in Urkunden eben so gut als castrum nostrum Schwangau. Von Hof als Meyerhof, villa, predium und Meyer, villicus, colonus, kann hier nicht die Rede seyn, sondern von Hof, vom Herzogshof der Welfen, die seit unfürdenklichen Tagen Herzoge hießen, auch ohne Herzogthum, als wahre Heerzoge oder Heeresfürsten des deutschen Volkes, von ihrem Hauptsitz an dem Kreuzpunkt der Wege bis aufs Lechfeld nordwärts, bis ins Vintschgau und ins Etschthal gen Süden, über den Fern oder die Finstermünz. Curia nostra supra montem sagt Conradin in dem zu Verona dem

---

gau?? Jäger.) — 6. Novbr. in Innspruck. (Jäger.) — 24. — 30. Novber. in Augsburg. (Stuttgarder Archiv.) — 28. Decbr. in Gemünd. (Lünig Ps. spec. continuat.) Pfandbrief ohne Datum auf seinen Stiefvater Meinhard, mit einigen Zusätzen hinsichtlich des Heirathsgutes und Witthums seiner Mutter Elisabeth. (Wiener Archiv.) — 1267 11. Jänner in Engin. (Jäger) — 10. Febr. in Augsburg (Münchener Archiv. — 23. April in Friedberg. (Schmidts Urk.) 28. May in Cadolsburg. (Mater. zur öttinq. Geschichte III.) — 22. Aug. in castro Schwangau: der gute Grund der alten Ueberlieferung, Conradin habe zu Hohenschwangau von seiner Mutter und von der welfisch-staufischen Muttererde Abschied genommen, erwächst beinahe zur urkundlichen Gewißheit durch die voranstehende, zwar unbedeutende Zollbefreiung seiner Mutter Elisabeth für das so eben von den Freundsbergen gestiftete Nonnenkloster Voldepp, in welchem die meisten als Zeugen vorkommen, die wir bald darauf mit ihm als Begleiter und Kampfgenossen in Verona finden, den Grafen Eschenlohe, die Edeln von Hürnstein, Weilheim Freundsberg, Michaelsburg, Matrei und Trautsen. — 20. Octbr. bis Mitte Jänner 1268 in Verona. (Wiener Staatsarchiv. Bonon. hist. misc. Aettenkhofer 181 Lori Lechrain.) 1268 8. Jänner in Verona. — 19. Jänner bis 22. März in Pavia. (Mediol. annal.) — 5. April. in Pisa. (Martene thesaur. II.) — 14. Juni in Pisa. (Lami deliz III.) — 7. Juli in Siena (Malavolti II.) — 29. Octbr. zu Neapel, das Testament aufgesetzt durch Johann Bricaudi, Herrn von Rangen, worin die Klöster Kaisheim, Weissenau, Weingarten erwähnt, die Oheime Ludwig der strenge und Heinrich von Niederbayern zu Universalerben eingesetzt und alle frühern Pfand- und andere Verträge mit ihnen bekräftiget, auch einiger Privatschulden an Bürger von Augsburg und Ravensburg und an eine Edelfrau von Schongau gedacht wird. Die Hinrichtung geschah ein Paar Stunden darauf.

Mutterbruder Ludwig dem strengen gegebenen Brief über die Schirmvogtei von Augsburg und das Geleite durch den ganzen Augsburger Sprengel, über Füssen und über den Herzogshof auf dem Berge. (Wahrscheinlich im Gegensatze mit dem Herrenhause der edeln Ministerialen und Burgmänner von Schwangau?) Der Name bleibt. Noch am 12. Februar 1300 zu Ulm verhießen Meinhards und der Elisabeth Söhne, Otto, Ludwig und Heinrich, (nachmals böhmischer Kronprätendent, nach der Ermordung des letzten Przemysliden Wenzeslaw) ihren Geschwisterkindern, Rudolph von der Pfalz und Ludwig, dem nachmaligen Kaiser, wieder heraus zu geben, Rattenberg und Hohenschwangau, „den Hof am Gebirge, oberhalb des Städtchens Schongau gelegen," (Curia in monte supra oppidum Schongau.) Die ganze Gegend heißt vorzugsweise in montibus, ad montes, in montanis, welcher Name aber das ganze heutige Nordtyrol vom Lech und der Isar, über den Brenner bis hinein an die Etsch begreift.

Schongau, die alte Stadt erscheint als oppidum schon 1178 und 1193 — 1289 seine Pfarrer Ludwig und Friedrich, 1217 sein Schirmvogt, ein Münzmeister, ein Probst, ein Physikus, ein bürgerlicher Gastwirth. Die Augsburger scheinen in Handel und Wandel dort eine Rolle gespielt, und eigene Faktoren daselbst gehabt zu haben. Das Salbuch von Benediktbeuern zeigt uns doch schon um das Jahr 1070 einen Hugo von Schongau mit Gezo von Weilheim und Rudolphen von Otting als Zeugen der Schenkung der Grafen Adalbert und Adalbero, Sohnes des Grafen Sigimar vom Urstamm der Huosier, späterhin von Andechs, Diessen, Wolfertshausen, Ambraß und Plassenburg zubenannt. — Um 1170 setzte Siegfried von Schwangau eine Hube zu Niedernhofen auf den Altar S. Peters zu Wessobrunn. — Heinrich von Reitti, Pero von Kuenring ꝛc. waren Zeugen. — Heinrich von Schmiechen, Vogt zu Schongau tritt 1290 in Benenediktbeuerer Briefen auf. — Peitting und Peittingau sind als Welfs VI. oftmaliger Sitz, den auch Heinrich der schwarze, der Löwe und der stolze, den der Barbarossa, Heinrich VI., Philipp, Friedrich II., die unglücklichen Königsjünglinge Heinrich VII. und Conradin gesehen, durch zufällig aus Peitting datirte Urkunden dieser Fürsten und ihrer Lehensleute bekannt. Wie könnte der Hauptsitz von Schwangau von ihnen übergangen worden sein? — Heinrich der Löwe machte sich gar selten bei dem Oheim Welf, der doch seine Jugend so kühn und erfolgreich vertheidigt hatte. Er fürchtete immer als nächster Erbe von dem lustigen alten Herrn um Geld angesprochen zu werden, schlug auch mehreremale derlei Ansinnen rund ab. Der Alte erkaltete gegen ihn und wurde ihm feind. Trefflich nützte solches der Barbarossa. Vor und nach dem Tode des jungen Welf gingen die Unterhandlungen (1171 — 1179). Bei Heinrichs des Löwen Aechtung (1180) waren sie bereits geschlossen und alles Welfengut in Schwaben, am Lechrein und im Ammergau war Hohenstauffisch. Die Füßener Vogtei des streitsüchtigen Klosters S. Mang mußte den Welf auch häufig auf Schwangau führen. Welf selber schenkte lieber eine eigene Hube bei Nesselwang, ohnferne des schönen tyrolischen Fleckens Reitti (juxta Gruti) nach Füssen, um nur den Zwist seiner Ministerialin Othilie von Löchlern und ihrer Söhne um die Erblichkeit des Gutes Dietelsried zu beendigen. —

Das Geschlecht der Burgmänner von Schwangau hat unter dem Adel jenes Hochgebirges sehr erheblichen Rang. Wie ihre alten Herren, die Welfen und Stauffen erlöschen, heißen sie freie, (nur dem Kaiser als obersten Herrn und Richter, dienstbare) Ministerialen des Reiches. Wir lesen sie 1154, wie der Augsburger Bischof Conrad die Gaben des Herzogs Welf dem ersten aus schwäbisch Roth herbeigerufenen Prämonstratenserprobst zu Steingaden Anselm bestätigte. Herzog Heinrich der stolze schenkte eine Hube zu Peittingen an die Canonie Raitenbuch, der Edelknecht Hermann hatte etwas früher auf Ermahnen seines Herrn Heinrichs des schwarzen, all sein Gut am Peissenberge eben dahin vergabt, (1125 — 1136.) Beidemale begegnen wir unter den Zeugen Hilteboldên von Schwangau. — Derselbe Hiltebold war in der Pfingstwoche 1127 zu Gunzenlech, bei dem morgenländisch-prächtigen Beilager Herzogs Heinrich des stolzen, mit der durch eine stattliche Gesandtschaft aus Merseburg abgeholten Gertrud, Tochter des neuen Kaisers Lothar II. und der Gräfin Richenza von Nordheim. — 1170 vertauschte der alte Herzog Welf von Spoleto Güter von seiner Capelle zu Dornau und Peitingau. Hiltebold von Schwangau war Zeuge. Von diesem Hiltebold sind noch die untenstehenden Minnelieder *) auf uns gekommen. Der alte Welf war auch Dichter, wie

*) Das ich den muot iemer von ir kekere
Se gros unstete ich vil gerne verbir
Min herze stat nicht so das es mich lere
Das ich mich iemer scheide von ir
Und ir geberde die ratend mir
Die sint so sueze das ich niemer
Kein ander wib möchte minnen so sere
Ir schonen liebes hat Got michel ere.

Ir schönin zucht also senfte und reine
Lat mich das herze von ir scheiden niet
Hie mit ich kein ander frowen nicht meine
Wan du mir so fruntlichen riet
Da bi sol si wol bekennen disu liet
Und das si ouch wisse das ouch ander freuwen
Heimne habent an mir umb ir minne vil kleine
Sus diene ich in allen gerne durch die eine

fast alle Stauffen, der erste und zweite Friedrich, der ermordete Philipp, ja selbst der Tyrann Syciliens,

---

Mir ist der muot worden truebe und swere
Wand min sol doch niemer werden gegen ir rat
Sit si geloubet von mir besu mere
Gegen der min herze allso guetlichen stat
Ein teil sie an mir vergahet sich hat
Si hete des ere das si ir zorn verbere
Unz ich gegen ir so gar unschuldig were
O we wes zihent mich die lugenere

Niemer mueze ich sanfter biten der stunde
Das ich mich von ir scheide
Swie es ioh mir ergat
Ob si mir ir genaden niht verbunde
So das beschihe seht so wurde min wol rat
Ir roter munt der so gar guetlichen stat
Ob si mir den ze küssenne wol gunde
Und also das es doch nieman befunde
Das herzeleit ich sanfte überwunde

Ein schappel brun und underwilent ie blanc
Hat mir gehöhet das herze und den muot
Hie bi kunde ich miner frowen den sang
Das si bekenne wer mich singen tuot
Ich sol mich gegen ir hulden huetende sin
Noch michels bas danne der ougen min
Si sie getruwe das werde an mir schin

Es ist ein wunder mir wart nie so we
Do ich wol vieren für eigen mich bot
Nu minne ich eine und deheine ander me
Und ist nah der einen noh grosser min not
Danne si were von minnen als ie
Es was ein spil da mit ich umbe gie
Nu erkenne ich minne die erkande ich ê nie

Es ist recht das ich lasse den muot
Der mir uf minne ie was riche und guot
Ich wil gebaren als es nu stat
O we das minne ie das böse ende hat

der unmenschliche Heinrich VI. Noch im Alter und in der Blindheit ließ Welf nicht von der Harfe, von den Würfeln

---

Swer sich mit stete an mir unstete lat
Wie unsanfte dem ein scheiden tuet
Als es mir hat das selbe getan
Liebe muos dike mit leide zergan
Wie sanft im ist der sich hat behuot

Nu werdent ougen vil truebe und rot
Nach lieben frunde so lident si not
Die ihr da beitent lihte iemer me
Das leit getuot maniger frowe nu we
Die fröide enpfiagen mit liebe alse
Der wunne wendet nu maniger den tot
Minne und frunde ich dur Got lassen wil
Des dunket mich dur in niemer ze vil
Sit man uns von ime dienest gebot

Min teil der minne das sult ir üch han
Das enwil ich anders niemanne lan
Da bi sult ir herre gedenken min
Het ich iht liebers das sult uwer sin
Fröide und wunne werde von ir schin
Sie hat mir niwan leit noch getan
Sit ich mich kerte und ie sere rang
An eine stat da mir leider nie gelang
Was danne mir mueze es uch da mitte ergan

Das ir genade mich so gar vergie
Des bin ich vro und klaget ez doch ie
Ir edeler minne ich noch sanfter enbir
Danne ich si weste in den sorgen nach mir
Als ich nu han und lide nach ir

Got unser herre dur den ich si lie
Der gunne mir des werde iemer ein Wib
Der uf genade dienen sule min lib
Das es du si du mich erste vie

Ich wil der lieben aber singen
Der ich ie mit truwen sang

und war, bis das feierliche Geleite der Bischöfe und Aebte, den längst Kinderlosen abholte zur ewigen Ruhe,

Uf genade und uf gedingen
Das mir truren werde krank
Bi der ich alse schone An eime tanze gie
Ir zeme wol die krone So schone wib wart nie
Elle und Else tanzent wol
Des man in beiden danken sol.

Ine gesach se tugendriche
Frowen nie des muos ich iehen
Noh so rehte minnekliche
Swas ich frowen han gesehen
Des ist si vor in allen Gewaltig iemer min
Si muos mir wool gevallen Sie suezer selden schrie
Elle und Else tanzent wol ꝛc.

Selig si du sueze reine Selig si ir roter Munt
Selig si die ich da meine Selig si so suezer funt
Selig si du sueze stunde Selig si das ich si ersach
Selig si do si mich bunde Du bant si noch nie zerbrach
Elle und Else tanzent wol ꝛc.

Do ir versagen mir so nahe gie
Do dachte ich des ob ich nahen were
Das ich vergesse ein teil miner swere
Do huob sich erst dü not an mir
Mich getwang dü minne harter nach ir
Danne si tet ze Züric in dem Lande
Da bin ich rehte an mir selben erkande
Das ich des niemer enpfliehen kan
Ich enst ir stete als do ich sin erst began
Do ich mit trüwen das herze an si wande

Wil si das ich von ir scheide
Den muot und min herze von ir minne kere
So sol si lassen ir schöne und ir ere
Ob si der beider verzihen wil sich
Da mit mag si von ir scheiden mich
Swar so das keret so muos ich beliben
Und iemer dienen dar vor allen wiben

in der engen, finstern Gruft zu Steingaden von lustigen Brüdern, Schalksnarren und Possenreißern, Joculatores

Were der schonen min dienst so leit
Als si nu lange mir hat gesait
So möchte si mich wol von ir triben

Dem künige fuere ich swar er wil den lib
Ane min herze das muos hie beliben
Das hat bi ir zallen ziten ein wib
Von der möchtes unser her e niht vertriben
Sit es nu muos bi der schonen bestan
So möchte si dem künige doch zeren
Mir haben verlan
Ir herze das mine wil von ir niht keren

Ich weis wol das dü schöne ist so guot
Si lat mich nicht von ir schulden verderben
Je doch alleine swie si mir dar umbe tuot
Doch wil ich iemer nah ir hulde werben
Den willen bringe ich unz an minen tot
Des möchte mich vil unsanfte verdriessen
Das were ein not
Solt ich des wider si niht geniessen

Minü ougen muessen dur das selig sin
Das si an der guoten so rehte ie gesahen
Wil manige tugende und ir guetlichen schin
Als ir von warheit die besten ie iahen
Ich kann mich lange an si verlan
Und wil iemer genade an si suochen
Das mueze ergan
Swie si gebiete oder welle geruochen

Us allen frowen ich mir eine erkande
Ze troste an der wil ich stete beliben
Des seze ich min ere ze pfande
Und das minne si vor alle wiben
Swenne ich das ni tuo ich wil das si verste
Und ir genade mich dar zuo verge
Nu gedenke ob ihr nicht loste
Wer mich an fröiden iemer getrost.

umgeben. — Hiltebold von Schwangau scheint ein Liebling seines hohen Herrn und sein Begleiter auf der zweiten

---

Was solte mir dar nach libe und ere
Swenne ich das herze wolte von ir wenden
Si wisse das ich minne si iemer mere
Nach ihr genaden muesse ichs noch verenden
Was dar umbe ob si verzihen kann
Das habent vil guote frowen e getan
Doch ist min trost ich horte sagen ein mere
Das nicht so guot so steter dienest were

Da ich beide gesach und gehorte
Das man si hatte so verre verguot
Von dem lobe ich mich tumpliche enborte
Das ir dü werlt also guetlichen tuot
Ich solt mich vor der not han behuot
Wan das ir schöne mich also vertorte
Das ich si bat das si niemer getuot
Ir gros versagen mir die fröide zerstorte

Das herze ist vor leide nah verswunden
Mir hat versagit die fröide min verkeret
Und minen muot nüvan truren geleret
Wan ich nu han ir ungenade bevunden
Das tuot mir leit und we zallen stunden
Min ungelüke ist mit sorgen gemeret
Mich habent ir wort also sanfte verseret
Das ich niht möchte überwinden die wunden

Swenne ich genaden ie gegen ir gedahte
So fröit mich ir schin in dem muote
So enpfie aber si min rede so gar zunguote
Das ich erschrak und mich an truren brahte
O we so worhte ich das es si versmahte
So het ich sorge als ein kint ze der ruote
Wie ich gegen ir hulden mich alse behuote
Das si iht von zorne sich an mir vergahte

Wie schöne und gut si were
Des het ich so vil vernommen
Das mir niemer me dü mere
Kunden us dem herzen komen

Kreuzfahrt in Syrien und ins gelobte Land, wie an den schönen Rhein in der Maynzer und Tübinger Fehde und

Sit han ich an ir gesehen
Swie gerne ich si nu verbere
Ine möchte alse ist mir hie beschehen

Kunde ich alles ir gezeme
Wol gedienen das tet ich
Das si mine bette verneme
Nah genaden über mich
Do ich si mir ze troste ersah
Wolte ir das wesen geneme
So wol mich des das ie geschah

Swie si wil die minneckliche
Des hat si gewalt also
Ich bin arm ich bin riche
Ich bin trurig ich bin vro
So gar ist si gewaltig min
Ist aber das ich von ir entwiche
Des sols ungewaltig sin

Die besten die man vinden kunde
Von dem Pfade unz uf den Rin
Die suochte ich nu manige stunde
Und vant si in dem herzen min
Die ich han erwelt us allen wiben
Dü ist hie bi der wil ich beliben
Ich wil min suochen lazen sin
Ich ensols nicht langer triben

Swie die vogel an dem rise
Singen nider alder hoch So bin ich in einer wise
Und enwirde doch niemer vro
Von der schönen die ich da minne
Dü mag mir froun herze und sinne
Ir genade sint also
Das ich ir niht wan frumen gewinne

Swie si in der masse schöne were
Und alse gar niht minneklich
Sone het ich so manige swere

auf das wälsche, Mathildische Erbgut am Po gewesen zu seyn. Selbst seine Lieder tragen dessen Spuren. — Wie-

---

Von ihr niht des duhte mich
Wolte si han mit mir gemeine
Miner sorgen niht wan eine
Lihte si bedehte sich
Das min truren wurde kleine

Frowe ich rede es mit üwern hulden
Sit ich üch alterst sach
Jne weis von welchen schulden
Lide ich vil gros ungemach
Das mir von gedanken so we nie geschach
Wies mir solte ergan Von der liebe die ich han
Gegen iu frowe der mag ich niht lan

Von üwern ougen dur dü minü
Gie mir in das herze min
Ein so wunneklicher schine Der muos iemer drinne sin
Jne gesach nie von wibe so guetlichen schin
Und ir guete dabi Sit dis alles da si
Frowe genade so la mich vri

Nieman kan es ü erkeren Bin ich über eigen man
Es stat wol nach üwern eren
Ob ich iu wol heiles gan
Und ich iu wol gerne diene so ich beste kan
Ob ich das tue Beide spate und frue
Gegen iu frowe da höret genade zuo

Wol mich des das ichs ie gesach
Selig si dü stünde Do min herze erwelte die
Der tugende meisterinne
Gedehte si wenne es geschach
Das ich von ir munde Dort ir ersten Gruos enpfie
Do gab mich ir dü minne
Das mich ir nieman verprach ders wizzen kunde
Jemer sit so kerte ich ie Gegen ir mine sinne

Jch wurde vro kunde ich verdienen das
Do ich gegen ir hoher bette begunde
Das ich von ir grossen has

vergelting war früh den Schwangauern eigen, die Bruck=
berg, die Mindelberg, Mazzensies, Montalban und Lich=

Nie vernam von ir suezen munde
Das si so schone mir versagen kunde
Ob ich niht mer genaden an ir vunde
So wolte ich iemer bi ir beliben
Dur das ouch getruwe ich ir bas danne allen wiben

O we ich armer wie sol ich nu werben
Sit ich ir niht enbieten sol min sendes klagen
Nu muos ich leider swigende verderben
Wan ich ir minen kumber niht mac selbe gesagen
Doch wil ich der trüwen niht vrezagen
Ich ensi ir holt also muos ich sterben
Swiget der munt so wil ichs in dem herzen tragen

Si möchte mich doch underwilent gruezen
Das ir doch nieman verkerte als es ir gegen mir stat
Ich was gewon von ir worten vil suezen
Das si mich gruoste Nun weis ich warumbe sis lat
Ich engelte das min herze si hat
Ze der besten erwelt das wil ich gerne buessen
Swenne min stete und ir ere und ir schöne zergat

Min gröste leit möchte si lihte wenden
Ein halbes wort duhte mich von ir suez und guot
Ruochte si mir das ze grueze senden
Da von wer ich iemer rich und hoh gemuot
Min edelü frowe ist so gar niht behuet
Si möchte mir die fröide wol verenden
Uf ir genade muos ich warten wenne sis tuot

Owe minne wes zihestu mich
Ich han dir doch niht ze leide getan
Das du mich muegest dar an sündest du mich
Du soltest mich wol an die not haben verlan
Das du mir kehrest das herze und den sinn
Gar an ein wib dü niht weis wer ich bin
Und dü mich doch beide siht und höret
Mich hat ir rat und ir schöne vertöret
Sus ist min fröide von ihr beiden zerstöret

tenau waren ihre nächsten Angehörigen. 1172, Ende Jänners war in Herzog Welfs Haus zu Wiedergeltingen eine

---

Recht fröide ich minne gerne
Durch eine fröide die ich han
Der were mir niht zenberne
Umb die ist es so getan
Swenne ich der einen ane were
Mir weren die andern gar unmere
Ich wil mich bringen gar us dem wane
Es ist dü edel wol getane
Und der besten iemer eine
Daſt min Frowe die ich da meine

Ich han den gelouben in dem muote
Da von mich nieman kan vertriben
Das mir iemer möchte komen zunguote
Das ich si erwelte us allen wiben
Wa sol ich beliben Mit so grossen eren
Als ich an der schönen funde
Wol mich das ich so weln kunde

Wil si bekennen den guetlichen willen
Den ich gegen ir han
So han ich genuog wan so kan si niemer verlan
Sin laze mich des geniessen gegen ir
Das ich ir gab beidü herze und sinne
Nach ir genaden so danke si mir
Das ich das danne mich selben minne

Mir tuot vil sanfte swenne ich höre das
Man si lobet so gar vollekliche
Des bin ich vro und enweis doch dur was
Wan unsir muot stat so gar ungeliche
Ich minne si so ist si mir gehas
Das ist ungeliche sine bedenke sich es bas
So das ir guete iht an mir entwiche

Von sorgen wande ich ledig sin
Da mich die schöne al umbe vie
Gehöhet wart das herze min
Wan es mit schedeliche ergie

Zusammenkunft, wo er durch die Hand seiner Ministerialen der Schwangauerin Gertrud und ihrer Söhne Schweiker

Do was min sorge kleine
Nu han ich me danne eine
Ich fürhte ir si vil we nach mir
Als meinem herzen ist nach ir
Das sint zwivaltü leit Die unser beider herze treit

Under wilent muos ich tragen
Von gedanken sendü leit
Als ich danne höre sagen
Von ir so gresse werdekeit
So wirde ich von dem mere vro
Si tete ouch mir dasselbe also
Horte si von mir iht guotes
Des sin wir geliches muotes
Swas si fröit des fröide ich mich
Swas mich fröit des fröit si sich

Kalte rifen und sine So dü zegant so kumt alse
Beide bluomen und kle
Unzergangen ist min not der wirt ie me

Swie man siht die heide stan
Wis alder sumerlich getan
Mir envil min leit zergan
Das klage ich der schonen von der ichs han

In den sumerlichen tagen hohe stat
Manig herze niht das min
Das klage ich der schönen dü mir selten lat
Keine froide komen darin Sol das iemer also sin
So mag ich wol klagen das an mir niht zergat
Ir vil minneklicher schin

Si gelichet wol dem sternen tremundan
Der nie hin noch her gegie
Als hat sie lange wider mich getan
Das si ir muot verkeret nie
Sit ich mich an si verlie
So enkunde ich an ir vinden noh entstan
Wan versagen das vant ich ie

und Uto, die nach der Sitte von diesem Gut sich nannten, auf dem sie saßen, unter andern ein Gut zu Ostendorf, der Kirche S. Salvators zu Polling überließ, unter der Zeugenschaft des alten Berthold von Andechs, Ahnherrn der Meranischen Herzoge, der Grafen Diepold von Vohburg, Heinrich von Eppan und Berthold von Weißenhorn, von welfischen Dienstmannen waren hier die von Peissenberg, von Kaufring, von Siebeneich, Morter, Montalban, ein Montalban von Tsars und viele andere, auch Ludwig, der Pfarrer von Schongau.

Im Jahre 1175, dem Kaiser durch die mißlungene Belagerung Alessandrias bezeichnet, feierte Welf die Pfingsten zu Gunzenlech, durch schwelgerisches Rittermahl mit Otto dem Pfalzgrafen von Wittelsbach, Ottokar, Markgrafen in Steyer, Hugo Pfalzgrafen zu Tübingen, dem Markgrafen Diepold von Vohburg, Heinrich von Romsberg, Bertold von Istrien des Hauses Andechs, den Grafen von Pleyen, Leonstein, Vaihingen, Urach, dem jungen Conrad von Dachau, Herzog in Dalmatien und einem großen schwäbischen und bayerischen Adel, worunter auch der Schwangauer; — Wessobrunn wurde hiebei reichlich beschenkt. — 1179 zu Augsburg vor dem Kaiser, schenkte Welf der Abtei Kempten, mit Heinrichs des Löwen Zustimmung (um einen Jahrestag für seinen in Italien verstorbenen Sohn Welf,) das uralte Stammgut des Ammergaues in Beiseyn der Bischöfe von Augsburg, Passau und Eichstädt,

---

Si sol wissen swas ich leides von ir klage
Das ich doch nie wib gesach
Die ich so minneklichen in mime herze trage
Nie niht anders ich veriach
Dulde ich da von ungemach
Was darumbe ich möchte noch geleben die tage
Das nie lieber mir geschach.

vieler Fürsten und unzähliger Dienstmannen, worunter noch einmal der vielgereiste Minnesänger und Kämpfer Hilteboldder Schwangauer auftritt, der nach aller Wahrscheinlichkeit, die Aechtung Heinrichs des Löwen zu Würzburg und Regensburg (1180) doch nicht mehr den Tod des Barbarossa auf der Kreuzfahrt (10. Juni 1190) noch jenen des alten erblindeten Welf (15. Decbr. 1191) zu Memmingen und Heinrichs des Löwen (6. August 1195) in Braunschweig erlebt zu haben scheint. — Das Saalbuch der Abtei Ottobeuern führt diesen alemannischen Odysseus Hiltebold unter seinen Lehensmannen auf.

1125 waren der jüngere Hiltebold und Heinrich von Schwangau Zeugen, wie der Streit um die Kirche zu Peitting zwischen den Klöstern Raitenbuch und Steingaden im Städtchen Schongau vor einer ansehnlichen Versammlung, durch erkorene Schiedsrichter auseinander gesetzt wurde. Unter ihnen befanden sich die Prämonstratenseräbte von Wiltau, von Ursperg, von Roth, der Probst von S. Georgen und Rudolph, der Abt von S. Mang in Füssen. — 1239 am 5. Novbr. in Prutz, geschah der Kauf des Schlosses Trasp in Engadein an Grafen Albrecht von Tyrol durch Schweiker von Reichenberg und abermal sind die Schwangauer Heinrich und Hiltebold des Vertrages Zeugen und Bürgen, wie am 20. Juni 1263 zu Polling der Belehnung, welche Meinharden von Görz-Tyrol, der neue Bischof von Augsburg, Graf Hartmann von Dillingen mit allen Lehen seines Hochstifts ertheilte, die sein mütterlicher Großvater, Albrecht von Tyrol inne gehabt. — Hiltebold war einer der vordersten Gezeugen 1221 3. März zu Augsburg als der Brixener Bischof Bertold mit Grafen Albrecht von Tyrol Frieden schloß, in welchem die Herren von Neuffen, von Völs und die Welsberg eingeschlossen wurden, die schlimmsten Raubnester aber, S. Lambert, Raspenstein und der Thurm zu Matrei geschleift werden sollten. 1228 am 11. Novbr. im Städtchen Glurns, war der Schwangauer Hiltebold mit denen von Matsch, Vatz, Wang, Sarganz, Belmont, Starkenberg, Schrofenstein, Rotund, Aspermont, Ramiß, Juvalta, Tarant, Neuhauß, Obmann und Bürge des Friedens durch Engadein und Vietschgau, zwischen Grafen Albrecht von Tyrol und Bertold, Bischofen zu Chur. 1254 am 13. Septbr. zu Innspruck war Hiltebold von Schwangau mit denen von Wembdingen, Wellenberg, Tauer, Sistrans, Auffenstein rc. Zeuge des Friedens zwischen Heinrich Mühlhauser, Burgherren in Flauerlingen und den Brüdern Baumkircher, vermittelt durch Gebhard Grafen von Hirschberg, der sich nebst seinem Schwager, dem ältern Meinhard, Herrn von Tyrol nannte, weil er wie Meinhard Adelheiden, des letzten Tyrolers Albrecht ältere Tochter, so die jüngere Elisabeth, Witwe des letzten Andechsers Otto von Meran, zur Gemahlin hatte.

Ein dritter Bruder Heinrichs und Hiltebolds, Conrad von Schwangau, zeigt sich 1256 im Vermächtnisse der Schwester Christine aus dem Kloster S. Catharina von Augsburg ihres im hohenrhätischen Gebirge gelegenen Gutes Waccrey. 1263 verzichtete Albero von Bruckberg in Conradins Namen auf den sogenannten Reutterhof an der Heerstraße zu Gunsten des Klosters Steingaden. Peitting war der Sitz eines Amtmanns und Richters. Albero nennt seinen Bruder: Eberhardum quondam judicem in Peittengow und tritt selber auf als procurator dilecti domini, inclyti regis Chunradi secundi in castro Peittengow. 1263 14. April war Conradin beim Probste Bertold in Steingaden und bestätigte ihm die von all' seinen welfischen und stauffischen Ahnen erhaltenen Vermächtnisse und Gunstbezeugungen. Vom schnellen Ausflug zu seiner Mutter

Elisabeth nach Innsbruck wieder in Raitenbuch zurück, gab Conradin dem Probst Conrad von Raitenbuch einen Schirmbrief, Tages darauf in Schongau die dem Herrn von Mindelberg gehörige Mühle zu Schongau und auf Hohenschwangau, die Scharnitzer Güter an Hugo von Montalban den jüngern. — Zeugen sind überall Conrad und Bartholmäe von Schwangau, Hermann der Probst und sein Bruder Heinrich, der Vogt von Schongau, die Mindelberge, Lechsberg, Wall, Spannagel rc. rc. — Am 16. April 1263 hatte Conradin zu Wiltau seine Oheime Ludwig und Heinrich von Bayern zu Erben aller seiner Lehensgüter und Allode eingesetzt, namentlich auch alles dessen, was Kaiser Friedrich vom Grafen Ulrich von Ulten zwischen Scharnitz und dem Fern gekauft oder geerbt, namentlich das neue Schloß S. Petersberg, Conrad von Schwangau war hier Zeuge in gleicher Linie mit Berthold dem Truchsessen von Waldburg, neben dem Stiefvater Meinhard, die Grafen von Eschenlohe und Roteneck, Seifried dem Pfarrer zu Nürnberg, dem Freundsberg, Preysing, Velben, Lechsberg, Kemnat, Weilheim, Hürnheim, Berneck rc. waren zugegen, der Schwangauer war sohin des eilfjährigen Königs Begleiter auf diesen, für die Geschichte der Umgegend einflußreichen Zügen.

Mit dem Hochstift Augsburg war Bayern über die Ausführung des Conradinischen Vermächtnisses, wie natürlich in schweren Zwist gerathen, Georg von Schwangau nahm an demselben eifrigen Theil, auf bayerischer Seite. Am 31. März 1270 kam hierüber ein Vergleich zwischen Augsburg und Bayern zu Stande, unter Vermittelung der Grafen von Hirschberg und Helfenstein, Graisbach und Leuchtenberg. — 1284 im August schenkten Bartholmäe und Hiltebold von Schwangau und des Letzteren Sohn gleichfalls Hilteboldl, einen Hof zu Biberschwöll zu Gunsten der vielgeliebten Nonnen nach Steingaden, bedächtlich fürsorgend mit Hülfe der wackern geistlichen Herren von Steingaden und Füssen, daß nicht etwa hintennach schlimme Nachrede daraus erwachse. (ne aliqua in posterum oriatur calumnia.) Derselbe Georg war mit Raitenbuch in heftigem Hader, überfiel (1280) das Kloster mit einem zusammengerafften Haufen zuchtlosen Gesindels, warf Feuer ein und plünderte, doch wurden die frommen Väter unter Vermittelung des Abtes Hermann von Füssen durch die Abtretung zweier Höfe in Trauchgau und Zwingen abgefunden, dagegen sollten die Höfe zu Tann dem Schwangauer fortan unangefochten verbleiben.

1286 verkauften Georg und Heinrich von Schwangau, romani regni Ministeriales all ihr Gut in Erpfach, dem altrömischen Abudiacum an Steingaden. 1287 verkaufte Hermann, der Abt, des durch den Wucher der Juden aufs Aeußerste gebrachten Klosters S. Mang in Füssen, Höfe zu Trauchgau und Lullesberg zur Abtragung der Schuld. Georg von Schwangau und Peter, der Schirmvogt von Schongau waren Burge, Engelschalk der Bayer von Schwangau und Otto, des Bayern von Schwangau Sohn, waren unter den Zeugen. — 1288 gab der gleichfalls verschuldete Dieterich von Horn sein Gut an das Kloster Steingaden auf, unter der Vermittelung und Bürgschaft seiner rechten Herrn, Heinrichs von Schwangau und Reinbotos von Wahl, die als Bürgen und Zahler eintraten, juxta regalia et communia jura provinciarum. — 1296 im December bekräftigen in Füssen Georg von Schwangau und Ulrich der Kammerer von Wellenburg bei Augsburg, die Schenkung ihrer Freunde und Anverwandten Heinrich und Conrad von Starkenberg mit einem Hof in Raupen um eine Wochenmesse. Würde diese von den Brüdern außer Acht gelassen, so sollte der Steingadenerhof zu Leermoos dem Hause Starkenberg anheim fallen. Die Neffen von Starkenberg, Gebhard und Heinrich, vertrugen sich abermal um diese Gottesdienste mit dem Kloster Steingaden, um dessen Antheil ihres Zehends in Ehrwald. — Meinhards Sohn, der Kärnthnerherzog Otto, hing sein Siegel an diesen Brief und Georg und Bartholmäe von Schwangau waren Zeugen neben den Aebten von Stams und von Wiltau, den Herrn von Auffenstein und Heinrich von Rottenburg, dem gewaltigen Hofmeister.

1310 nahm Ulrich von Schwangau in Gegenwart seiner Brüder Bartholmäe und Heinrich am Hochaltar in Steingaden das Schwert, um des starken Meinhards schwachem Sohne Heinrich, zur Behauptung der böhmischen Krone zu Hülfe zu ziehen, dabei bedachte er Steingaden mit frommen Vermächtnissen. König Heinrich wurde zwar von den Böhmen, von seiner muthigen Schwägerin Elisabeth und deren Bräutigam, Johann von Luxemburg verjagt, aber der Schwangauer kam glücklich zurück und gab dem schuldigen Danke auch noch das Patronatsrecht von Epfach an Steingaden auf. — Bartholmäe von Schwangau schloß 1325 und die Brüder Ulrich und Heinrich von Schwangau 1332 mit Steingaden einen Theilungsvertrag über die Leibeigenen und 1358 Ulrich und sein Sohn Johann zu Füssen eine Versöhnung langen Zwiespalts mit Abt Berthold unter Vermittlung des Vogts zu Füssen Bartelmä von Waul.

In Steingaden, in Niederhofen und Waltenhofen, auch in Füssen, sind die Gräber der Schwangauer, die von nun an, im Leben so wenig als im Tode mehr bedeuteten. — Friedrich mit der leeren Tasche, jener vielgeprüfte Tyrolerfürst, erkannte inzwischen: Schwangau sei bedeutender als die Schwangauer und gab den Letzteren Salzbezüge von Hall im Innthal, auf daß sie ihm ihre Feste öffnen und ihm damit warten und dienen sollen.

Die deutsche Erbsünde endloser Theilung und Zersplitterung war auch der Schwangauer Verderben. Innerer Hader und Zwist können dabei nicht ausbleiben und so prasselte denn auch lichterlohe Feindschaft auf zwischen den Brüdern Jörg und Stephan, ihren begehrlich heranwachsenden Söhnen und ihren Neffen, des seligen Ulrichs Kindern. — Herrschaft und Burgfrieden mit den Schlössern Vorder- und Hinterschwangau, mit dem Schlosse Frauenstein, mit dem festen Simpelthurm am Halblech zerfielen bald in fünf und sechs und gar in acht Theile. — Jörg von Schwangau und Elsbeth, seine eheliche Wirthin verkauften ihren Antheil an den Stifter des heiligen Berges zu Andechs, Herzog Albrecht von München, der vor Kurzem nach seines strengen Vater Ernests Tode die Zügel der Herrschaft ergriffen und das Diadem Böhmens ausgeschlagen hatte, gerade vier Jahre seit die Geliebte Augsburger Baders-Tochter Agnes Bernauerin, von der Straubingerbrücke in die Fluthen der Donau gestürzt worden war.

Seit diesem Kaufsvertrag vertraute Bayern seines Antheiles Obhut einem eigenen Hauptmann, meist den nächsten Nachbarn von Freyberg und Eisenberg, deren Schlösser im Gesichtskreise lagen. Noch 1496 erhielten die Schwangauer für ihren Theil die Reichsbelehnung, durch den letzten Ritter, Kaiser Max I. der Füssens und Schwangaus Hochgebirg überaus liebte, gerne fischte in den Seen, gerne in seinen Wäldern der Nachtigall lauschte, den flüchtigen Hirschen nachjagte auf seine Klippen und Felsplatten, Gemsen und Steinbock so gerne verfolgte, wie an der Martinswand, in Ehrwald, im Hallthal und Gschnitz und auf seinem nahen vielgeliebten Zeughaus an der Ehrenbergerklause, mit der Büchse und aus grobem Geschütz, seine besten Schützen und Constabler überbot.

Noch 1534 verglichen sich die Schwangauer, Heinrich und Georg, Gebrüder mit dem Welfenkloster Raitenbuch, als wirkliche Besitzer mehrerer Antheile von Schwangau. — Griechische und italienische Flüchtlinge kamen in diese anmuthsvolle Einsamkeit. Es war ein alter, kundiger Meister aus Neapel, der den Schwanenstein zwischen dem Alpsee und Schwansee umbaute, vergrößerte und verschönerte.

Bayerns Burghüter, die Freyberge des Zweiges von Aschau, ein uralter, hohenrhätischer Name, haben Schwangau freilich in ein paar Stunden berühmter gemacht, als es in den, seit den Stauffen verflossenen drei Jahrhunderten gewesen. — Onoffer von Freyberg und sein Weib Helena von Münchau waren wie die meisten edleren und besseren Geister sehnsüchtig nach gründlicher Reformation der Kirche in Haupt und Gliedern, wie selbe die scharfsinnigsten, die tugendreichsten Kirchenväter bereits in Constanz und Basel, obgleich vergebens begehrt. — Wie 1521 vom Reichstage zu Worms auf die Wartburg, so wurde Luther im October 1518 aus Augsburg, wo der Cardinal Cajetan bereits Befehl hatte sich seiner zu bemächtigen und falls er nicht widerrufe oder der weltliche Arm sich lässig zeige, ihn todt oder lebendig nach Rom zu liefern, auf Hohenschwangau gerettet. Ihn entführte fast wider seinen Willen der kühne Langemantel, ein berühmter Landsknechthauptmann des großen Georg von Freundsberg, beim ältesten Kirchlein Augsburgs, zu S. Gall, wo es zeither zum Dahinab heißt, durch den Stadtgraben nächtlicherweile auf das Leckfeld und Hauptschloß Hohenaschau, von dort in gleicher Schnelligkeit und Verborgenheit nach Nürnberg, wo für ihn die günstigste Stimmung glühte. — Am 7. October hatte Luther, ungeschreckt durch vielfache Warnungen, in freudiger Zuversicht auf seine Sache, Augsburg erreicht. Am 31. October, gerade ein Jahr, nachdem er seine 95 Lehrsätze an der Schloßkirche zu Wittenberg angeschlagen und dem Churfürsten Albrecht von Maynz eingeschickt, war er wieder in Wittenberg.

Onoffers von Freyberg sämmtliche Söhne waren Freunde der neuen Lehre, Christoph Georg, der wider Türken und Franzosen rühmlich gefochten, Wilhelm in einem leidigen Zweikampf zu Salzburg erstochen, Hans Siegmund, der, als ihn die tödtliche Kugel ereilt, am würzigen provenzalischen Meeresufer unter einem mächtigen Feigenbaume, sein Grab gefunden, Pankraz, — „ein geschickter, ernstlicher, arbeitsamer und gar edler Mann, der außerhalb der Religion seinem Herrn und dem Hof zu München gar wohl angestanden, aber nachdem er Herzog Wilhelms und Albrechts Pfleger zu Aibling, Hofkammerrath und Hofmarschall gewesen, letztlich widerwärtiger Religion halber, etwas mit Ungnaden wieder heimgekommen." — Diese Freyberge haben mit pfälzischen Wittelsbachern die Banner der unterdrückten Hugenotten in Frankreich aufgesucht. — So lange Luther lebte war in Deutschland Friede. Dritthalb Monat vor seinem Tode wurde auf der Gränzmark Italiens und Deutschlands, zu Trient endlich das längst und dringend verlangte Concilium berufen. Kaum vier Monate nach Luthers Tode brach die Kriegesflamme aus. Die schmalkaldischen Bundesverwandten erschienen rasch an den Eingängen Tyrols und in dasselbe, jenen Kirchenrath auseinander zu sprengen und die gefangenen Fürsten Johann Friedrich von Sachsen und Philipp von Hessen zu befreien und einen Religionsfrieden abzunöthigen, der bald darauf in Passau und Augsburg zu Stande gekommen. — Wie es mit den Mitteln der Gegenwehre ausgesehen, geht daraus hervor, daß die sonst gewiß tapfern tyrolischen Fähnlein, noch vor sie des protestantischen Heeres ansichtig wurden, auseinander liefen und von 6000 Schwatzer Bergknappen alle umgekehrt und nur 70 bei ihrer Fahne verblieben sind, daß Carl V. in dessen Reichen die Sonne nie unterging, bei Nacht und Nebel nach Willach floh und schon früher versuchte, dem Schmalkalder Heer, als eine ins Land reisende Dame vermummt und vom bayerischen Jägermeister Jörg von Nußdorf in einen Kobelwagen gesetzt, zu entrinnen. Aber in Leermoos wurde er erkannt und genöthiget, nach Innsbruck umzukehren, wo indessen der alte, vertraute Kammerdiener Adrian Dübois in seines Herrn dichtumhangenen Himmelbette lag und seine Extraspeisen genoß. Der Aufschrei einer jungen Bauerdirne in Leermoos: „ei wie sieht die alte Frau dem Kaiser so gleich," bestimmte den Herrn zweier Welten zum augenblicklichen Umkehren nach Innsbruck.

In jenen Tagen war das Hauptquartier, zweier einst wichtigen Freunde, alsdann gefährlichsten Feinde Carls V. — Moritzens von Sachsen und Schärtlins von Burchtenbach in Füssen und auf Hohenschwangau.

In dem für Deutschland unseligsten aller Kriege, im dreißigjährigen (1618 — 1648) drangen schwedische und französische Streifpartheien vom Heere Wrangels und Horns und von jenem Turennes und des großen Condée auch bis Hohenschwangau, ohne es zu nehmen. — Im österreichischen Erbfolgekrieg 1742 erfuhr Schwangau den Grimm der Tyroler, wie der der Trenkischen Panduren, Serben und Tolpatschen. — Als auch durch Marengo, dem zweiten Coalitionskriege noch kein Ende ward und Moreau den Frieden in Deutschland erobern sollte, geschah im Juli 1800 ein heftiges Treffen bei Füssen und Schwangau, zwischen der französischen Brigade Pudhod, den Tyrolern und einer

Abtheilung von der österreichischen Heersäule des Fürsten Reuß, namentlich dem Regimente Kaunitz zum Nachtheile der Letzteren. Dies Gefecht beschleunigte den Abschluß des Waffenstillstandes von Parsdorf zwischen Lahorie und dem Fürsten Dieterichstein. — 1809 im Tyroler Aufstande für den alten Herrn und für das alte Recht, wurde die Waffenkammer Hohenschwangaus gar sehr gelichtet. Man fürchtete, der Feind würde hier eine Brille und Depot hersetzen, um nach Umständen über den Kniepaß, über Ehrenberg und Reitti, oder durch Ehrwald einzudringen, jedenfalls aber die Ausfälle zu verhindern, die sich bis Memmingen, Constanz und Stockach verbreitet hatten.

Hohenschwangau war Reichslehen. Die Unterthanen dienst- und leibeigen, die Servituten derselben theils mittelalterlich drückend, theils lächerlich. Nebst der hohen, niedern und peinlichen Gerichtsbarkeit, nebst dem Fisch-, Jagd-, Alpen- und Weide-, dem Erb- und Hagestolzenrecht hatte die Herrschaft, Zehenden, Geld- und Natural-Zinsen, Weinlieferung von Steingaden, Vogthaber und Zollfreiheit vom hochstiftisch-augsburgischen Schlosse zu Füssen, den Fischfang in den herrlichen Alpenbächen, im Lech bis zur Illach und die herrliche Ausbeute der Seen, wovon der Alpsee bis vierzig, der Schwansee kaum funfzehn, der Bannwaldsee oder Mühlbergersee, (einst sprichwörtlich wegen seines Fischreichthums) nur zehn Klafter Tiefe, aber eine Ausdehnung von 500 Morgen.

Hohenschwangau war reichsunmittelbar. Es zahlte jährlich fünfunddreißig Gulden Kammerzieler und stellte zum schwäbischen Kreise fünf Mann zu Pferde und zwanzig Mann zu Fuß für 500 Wohnhäuser und 2700 Einwohner, die sich von Floßfahrt und Holzhandel am Lech, Halblech, der Illach und Ach, vom Marmor-, Sandstein- und Duftsteinbrechen in Buching, Trauchgau und Schwangau, — vom Flachsbau und von der sich gegen 3000 Stücke belaufenden Pferde- und Viehzucht ernähren.

Als 1544 Heinrich von Schwangau gestorben, gedieh Hohenschwangau durch Kauf an Hans und David von Baumgarten. Letzterer verpfändete es um 120,000 Gulden an Georg Friedrich Markgrafen von Brandenburg, der aber schon 1567 sein Pfandrecht an Bayern abtrat, bei dem es von nun an verblieb. — Es bestand als eigene Pflege bis zur allgemeinen Säkularisation und großen Besitzesveränderung in Deutschland 1803, die Bayern auch über seine tausendjährige Lechgränze, tief in Schwaben ausbreiteten, bis zu (dem, so wenig als Salzburg zu verschmerzenden) Ulm.

Die bedeutenden Auslagen der Einhaltung verursachten den (allen Freunden der Kunst und des Alterthumes, wie der großartigsten Idylle der Alpennatur höchst empfindlichen) Beschluß, diese immer noch erhaltenste Ritterburg des Bayerlandes — auf Abbruch zu verkaufen!!! — Der Fürst Ludwig von Oettingen-Wallerstein, dem auch das ehemalige Reichsstift S. Magnus in Füssen zugefallen war, der eine der romantischen Schöpfung Erzherzogs Ferdinand von Tyrol und der schönen Augsburgerin Philippine Welser in Ambraß ähnliche Kunst-, Wunder-, Waffen- und Schatzkammer gebildet, für die Kenntniß der Glasmalerei und der noch überaus dunkeln oberdeutschen Kunstgeschichte*) Wichtiges geleistet hatte, that der erste dem Verderben Einhalt.

*) Nicht nur die Schule des großen Dürer, des Burgmeyer und Wohlgemuth von Nürnberg, fand in Wallerstein reiche Beleuchtung, sondern auch die der Holbeine von Augsburg, — der Kranache aus Ostfranken, — die altbayerische Schule des Ulrich Fütterer von München, des Mayer von Landshut, der Obendorfer und Hebenstreite, Mielich, Olmendorf Schöpfer, Meixelkircher und des Christoph Schwarz aus Ingolstadt, — die Ulmer- und Nördlinger-Schule der Schengauer, Schön,

Auch der nachherige Käufer, der K. Topograph Adolph Sommer wirkte gegen weitere Zerstörung. — Schwangau würde ihr aber in der Länge doch nicht entgangen sein, als durch eine glückliche Fügung im November 1832 S. K. H. der Kronprinz Maximilian von Bayern die Feste Hohenschwangau an sich brachte und eine in ihrer Art einzige Schöpfung zu gründen beschloß auf dieser südteutschen Wartburg, an dieser wahrhaft klassischen Stätte. — Marienburg steht ihr als alterthümlicher Bau freilich eben so voran, als eben dieses Marienburg, hinsichtlich der Naturreize, vor unserm Schwangau völlig verschwindet. — Rheinsteins göttliches Stromthal findet ein starkes Gegengewicht in Schwangaus zauberischen Seen, Hochwald und Fernsicht. — Aber trete auch immer in den Hallen Marienburgs, in den Hoch- und Heermeistern des deutschen Ritterordens, manches heroische Bild hervor, Rheinstein und Marienburg verschwinden abermal vor Hohenschwangaus überschwenglichen Reminiscenzen — und selbst für das ferne preußische Marienburg hätten bayerische Worthies und dies fasti nicht gefehlt, (zwar wenig bekannt, aber um so glänzender erweisend, wie ächt und urdeutsch die Bayern seien, denn Tacitus sagt von den Deutschen, sie seien unübertroffen in der Treue, unübertroffen in den Waffen,) etwa wie das Jahr darauf als Marienburg genommen ward, Heinrich von Niederbayern, der Herzog und Pfalzgraf Otto, Markgraf Carl von Mähren, (nachmals Kaiser,) Ludwig Herzog von Burgund, König von Thessalonika, die Wittgenstein,

---

Zeitlem, Schaffner, Flügelin, Schüttenhelm, Herrlin, Deckinger, Hans Scheifelin und Sebastian Deck ꝛc. Die niederländische Schule hatten die Boisserées vollständig erleuchtet. Für die oberdeutsche, für die national-bayerische Schule, diesen bedeutendsten Theil des großen Kunstproblemes, leistete ein Gleiches der Fürst Wallerstein.

Schwarzburg, Lippe, Bentheim, Stolberg, treu den Böhmenkönig Johann umstehen, im Kampfe wie in der Vermittelung zwischen dem deutschen Orden und dem letzten männlichen Piasten, Casimir dem Großen, — wie die Bayerfürsten, als Johann mit den Andern ins verwirrte Schlesien zog, allein vorwärts ins Heidenland rücken, an der Gränze Samaitens am Ufer der Memel, die Bayerburg, (bald die Hauptburg dieser Gebiete) erheben und mit Allem reichlich versehen. — Die Burg war durch zwei Withingen verrathen, aber ein deutscher Edelknabe König Gedemins verrieth den Verrath und die anrückenden Lithauer sahen statt der geöffneten Thore, die Schurken von Withingen am Thor aufgehängt. Sie stürmten nichts destoweniger durch zweiundzwanzig Tage, als plötzlich der Marschall Heinrich Dusener und Pfalzgraf Otto im Rücken zum Entsatz erschienen und die Hälfte der Heiden unter ihren Schwertern fiel, Gedemin selbst, die Schulter von einem Pfeil durchbohrt, umkam und noch auf dem Rückzug bei Kukony ein neuer Sieg erstritten ward. — Nun schenkte Kaiser Ludwig der Bayer d. d. München den 7. December 1337 seinem standhaften Wortführer beim Papste, dem Deutschmeister Wolfram von Nellenburg, ganz Lithauen nebst Samaiten, Karsau und Reussen, so weit es heidnisch. — Die Bayerburg sollte als Hauptburg, Bayerns Wappen, Insiegel und Farbe führen, das Land und das neu zu gründende Erzbisthum sollte Bayern heißen, die Bayerfahne stets das Hauptbanner, beim Angriff die erste, beim Rückzug die letzte sein.

Seit den Knabenjahren hatten S. K. H. Bayerns Kronprinz sich der Historie und der Königin aller Künste, der Königin beider Welten, beider Gefühle, der Dichtkunst, mit ungetheilter Herzensgluth hingegeben. — Höchstdieselben verfolgten beharrlich das hohe Augenmerk, die Geschichte durch beständige und innige Vermählung mit der redenden und bildenden Kunst zu populari= siren und zu nationalisiren. — Die epische und dramatische Form, die Ballade und Romanze, die Sage und Legende, die Historienmalerei und die Skulptur sollten vorzugsweise, vaterländische Gegenstände verherrlichen. — Das deutsche Mittelalter, insonderheit die Vorwelt des eige= nen Stammes, der Schyren, die wechselvollen Freund= schaften und Feindschaften der Welfen, zumal der Tita= nenkampf der hohenstauffischen Heldenkaiser zog den erhabenen Königsjüngling von jeher mit unbeschreiblichen Klängen und mit gewaltigen Armen an. An persönlicher Größe ihren Widersachern meist überlegen, meist durch sieghafte Erfolge gekrönt, mußten die Stauffen dennoch unterliegen, weil sie ihre Zeit nicht verstanden, die idealen Richtungen des Mittelalters verkennend, Al= les und Alles materiellen Kräften zutrauend und (fast um drittehalb Jahrhunderte zu früh,) absolutistischem Streben nachhängend.

Die Päpste haben die Herbstessonnenblicke jener (wiewohl sich bereits wendenden) Zeit doch noch recht wohl begriffen und ergriffen. — Der Freiheitstrieb und die öf= fentliche Meinung waren für sie. So wurden denn die Sieger vollständig von ihnen besiegt.

Conradins, die große Tragödie ächt tragisch beschließen= der Ausgang, war der erste Dichterversuch des gemüthvollen Kronprinzen. — Welcher ahnungsvolle, freundliche Lohn, daß gerade Ihm, die Burg eigen ward, die (wie kein an= derer Fleck auf der Erde,) das warnungsreiche Gedächtniß der Welfen, der Stauffen und der Schyren in ein so rüh= rendes Kleeblatt zusammenbindet, gerade die Burg, wo Conradin auf ewig — von Mutter und Vaterland schied.

Alle Maßregeln zur Erhaltung des annoch Bestehenden, zur Wiederherstellung des dem Zahne der Zeit und früherer Vernachlässigung, auch wohl absichtlicher Zerstörung Unterliegenden richteten sich mit der größten Thätigkeit ins Werk. Zur Ausführung wurde durch die glücklichste Wahl, des Kronprinzen ehemaliger Lehrer im Zeichnen, der unermüdete und sachkundige Sammler und bis jetzo glücklichste Abbilder der Ueberreste alterthümlicher Kunst und insbesondere Baukunst auserkoren, Dominik Quaglio, aus einer, längst in München eingebürgerten Künstlerfamilie, dem Lieblingsorte des jüngern Plinius, der Bühne so großer Auftritte des Mittelalters, als die anmuthvolle und majestätische Scheidewand der Alpennatur von Welschlands Zaubergarten, dem Haus für Haus geschichtlichen Como entsprossen. — Quaglio hat sich dieser Aufgabe mit gewohnter Meisterschaft entledigt. Es dürfte schwer sein, jetzo auszuscheiden, was an dem wiederhergestellten Hohenschwangau alt und was neu sei? — Quaglio hat die Ausführung einem Kreise talentvoller Künstler der Münchener Schule anvertraut, dem Bruder Lorenz Quaglio, auch einen wackern Architekturmaler und in der Idylle voll Wahrheit, Treue und Leben, dem emsigen und technisch überaus festen Glink, dem ehemaligen, verdienten Conservator des Münchener Kunstvereins Meyer, durch seine Ansichten italienischer Städte, auch als ausgezeichneter Portraitmaler bekannt, vor allem dem Maynzer Wilhelm Lindenschmidt, der seit seiner Schlacht Ludwigs des reichen von Landshut bei Giengen in den Arkaden des Münchener Hofgartens und seit seinen Sendlinger Mordweihnachten große Fortschritte gethan hat, einem Künstler voll wahrer und warmer Begeisterung, unermüdet im Suchen und glücklich im Finden wahrhaft poetischer Geschichtsmomente. Es waltete hier wie aus guter, alter Zeit, ein freudiges Künstlerleben und Jeder malte dem Andern in sein Bild hinein, worin er besondere Virtuosität besaß, z. B. Pferde, der unvergleichliche Adam, Lorenz Quaglio andere Thiere, ländliche Gegenstände rc.

Der Thorweg und Burghof, durch herrlichen Baumschlag, vorzüglich durch alte, majestätische Linden geschmückt, bieten Schritt für Schritt eine andere, entzückende Aussicht auf die Seen, auf die Lechgegend, auf die fernen Ausläufer des Hochgebirges, auf das schwäbische Flachland.

Eine mit alterthümlichen Waffenstücken behangene Säulenhalle zeigt sich dem Eintretenden. Mit raschem Blick huldigte der erlauchte Besitzer dem wahrhaft einzigen Vorzug dieser Burg, indem er einen Welfen-, einen Stauffen- und einen Schyren-Saal anzulegen, einen vierten, den interessanten Lokalbegebenheiten Hohenschwangaus, zwei andere der bayerischen und der Lokal-Sage zu widmen beschloß.

Das Zimmer mit den Lokalbegebenheiten Schwangaus ist durch Lindenschmidt bereits vollendet. — Es zeigt 1) den von seiner Romfahrt heimkehrenden Feind der Stauffen, Kaiser Lothar, in einer elenden Hütte des Dörfchens Breitenwang sterbend (3. December 1137) und die Reichskleinodien seinem Schwiegersohne, Heinrich dem Stolzen übergebend, welcher gleichwohl in wenig Monaten entsetzt und geächtet, die Krone dem Stauffen Conrad überlassen mußte. 2) Der Minnesänger Hiltebold von Schwangau, Zeitgenosse dieses Conrad und des Barbarossa, Gefährte des alten Welf in Italien und auf dem Kreuzzuge. — 3) Conradin scheidet auf Hohenschwangau von seiner, in zweiter Ehe dem Grafen Meinhard von Tyrol vermählten Mutter Elisabeth. (1267 im August.) — 4) Raitenbuch, durch den gefürchteten Georg von Schwangau in der Mitternacht überfallen, geplündert und ausgebrannt. (1280.) — 5) Conrad von Schwangau, auf der Heerstraße von seinen Gegnern niedergeworfen, wird schwer verwundet in die von ihm hart angefeindete Abtei Steingaden gerettet. — 6) Der Langemantel rettet Luthern vom Reichstage zu Augsburg auf Hohenschwangau. — 7) Kaiser Max, eben diesen Reichstag zu Augsburg im Vorgefühle naher Auflösung verlassend, hatte sich noch einmal den gelehrten Abt Geiler von Kaisersberg nach Füssen bestellt und that ihm im Anblick der untergehenden Sonne und der wunderlieblichen Natur, seine letzten Wünsche und seine Beichte kund.

Der Schyrensaal, gleichfalls durch Lindenschmidt vollendet, enthält 1) des Königshauses Ahnherr, Herzog Luitpold, der Held wider die drei großen Gefahren der Zeit, Normannen, Marhanen und Ungarn erstürmt den Ring und die hölzerne Verschanzung der Normannen an der Dyle und erschlägt einen ihrer Heeresfürsten mit eigener Hand. 2) Im Aufruhr der Römer retten Otto von Wittelsbach und Heinrich der Löwe den bereits vom wilden Sturm mit fortgerissenen und unter sein Pferd gerathenen Kaiser Friedrich. — 3) Die Bayern mit ihrem Herzoge Ludwig in Egypten von den Fluthen des Nil rings eingeschlossen, noch tapfer mit den Saracenen kämpfend, wie 591 Jahre später mit gleichem Heldenmuth in den Schneewüsten Rußlands. — 4) Das Siegesmahl nach der Schlacht bei Mühldorf und Ampfing um das römische Reich zwischen den Gegenkönigen Ludwig dem Bayern und Friedrich dem Schönen von Oesterreich. — „Jedem Mann ein Ei, dem frommen Schweppermann zwei!“ 5) Nachdem Ludwig hart bedrängt durch den Oesterreicher Leopold, die Blume der Ritterschaft, bringt Ludwig seinem edlen Gegner Friedrich, das Wort des Friedens und der Freiheit in seine Haft auf der Trausnitz. Ihrer Jugend väterlicher Lehrer zu Wien, der Prior der Karthause Mauerbach, theilt am Altar die Hostie zwischen ihnen als Siegel ihres Bundes. — 6) Der riesige Herzog Christoph überwindet auf der prächtigen Hochzeit Georgs des Reichen von Landshut, den niemals überwundenen, unerträglich prahlerischen Polenritter.

Der Welfen- und Stauffen-Saal, obgleich selbe bis Hälfte Oktobers 1835 mit ihren ausdrucksvollen, enkaustischen Tableaux vollendet seyn sollen, war in der Hälfte des May noch nicht begonnen, doch schienen die besprochenen Gegenstände von vielseitigstem Interesse, z. B. aus der Welfenstube: — Heinrich der Löwe, ein neues, unabhängiges Slavenreich an der Nord- und Ostsee begründend, sprengt die besiegten Slaven zu Tausenden auf einmal zur Taufe in den Schwerinersee, indessen die Missionaire den heiligen Hain des Prowo zerstören. — Heinrich der Löwe, Münchens, Braunschweigs und Lübecks Begründer, zwingt den gefürchteten Dänenkönig Waldemar zur Theilung der auf dem unersteiglichen Kreidefelsen Arkonas von den heidnischen Rügen gemachten Beute, — der Barbarossa zu Partenkirch, auf den Knieen vor Heinrich dem Löwen, seinen Zuzug wider die verhaßten Lombarden erflehend. Die Kaiserin erfaßt ihren Gemahl: „Steht doch auf, mein lieber Herr! der Himmel wird dieses Tages und dieses Uebermuthes gedenken,“ — Heinrich der Löwe zu Erfurt auf den Knieen vor dem Kaiser, der ihm mit Thränen entgegnet: „Wer hat dich denn gestürzt, du Unglückseliger, als du selbst!“ — Heinrich auf dem Sterbelager zu Braunschweig, die Chronik seiner Väter anhörend, beruhigt die erschrockene Umgebung, als ein fürchterlicher Donnerschlag das Gemach des Kranken in Flammen setzt.

Für die Stauffen-Stube waren im Antrag: — 1) Die Weibertreue von Weinsberg. — 2) Nach langem verzweifelten Widerstande kam endlich (6. März 1162.) Maylands ganzes Volk, Stricke um den Hals, Kreuze in den Händen mit seinen 36 Hauptfahnen und mit den berühmten Carrocium. Alle diese Feldzeichen senkten sich im Kreise der deutschen Fürsten, vor dem Throne des Kaisers nieder. Jetzt sprang der Barbarossa auf, gab Heinrich dem Löwen die Hand und jetzt nahm er die eiserne Krone, die sein Freund, der Held Otto von Wittelsbach in Händen hielt. — 3) Des Barbarossa und der Bayern, unter dem Andechser Berthold, Herzog von Meran glorreicher Sieg bei Ikonium, wenige Tage vor des Kaisers Tode (10. Juni 1190.) — 4) Das. apulische Zauberkind, der neunzehnjährige Friedrich II. mit dem Bischof von Chur, dem Abt von S. Gallen und mit nicht mehr als sechzig Mann (1213) vor Constanz. Ihn erblickend, nimmt der Gegenkaiser Otto, Heinrichs des Löwen Sohn, mit seinem ganzen Heer die Flucht. — 5) Friedrich II., als Obsieger der Lombarden in der Hauptschlacht bei Cortenuova, hat am gleichen Tage die Taufe eines langerwarteten Sohnes und die Trauung der geliebten natürlichen Tochter Selvaggia an sein furchtbarstes Werkzeug, an Ezzelin, den Sohn der Hölle: — Zeuge ist des Kaisers Liebling und Pathe, dessen Zukunft aber Niemand ahnete, am wenigsten der Kaiser: — Rudolph, Graf von Habsburg. — 6) Conradins und seiner Getreuen Hinrichtung zu Neapel.

Von den noch auf seinem Seespiegel einheimischen Schwänen führt Schwangau den Namen. Die Sagen vom Schwanenritter leben auch hier im Munde des Volkes, wie der Schwan den schönen, schlummernden Jüngling zur Beschützung der Unschuld auf goldener Gondel aus unbekannten Ländern dahergezogen, wie der junge Held den Gottesgerichtskampf mit dem räuberischen Oheim gekämpft und ihn erschlagen, darauf die Prinzessin heimgeführt, aber von ihr erfleht, sie solle ihn ja nie befragen, wer er sei und woher gekommen, sonst sei all ihr Glück dahin und wie die Fürstin es doch nicht lassen können und darauf der Schwan sich sogleich wieder eingestellt und ihn abgeholt habe. — Verwirrt und dunkel erzählte man, wie fast überall bei diesem Namen und bei diesem Wappen, von diesem und jenem Schwangauer, was das Volksmährchen vom guten Gerhard Schwan, von seinem Gange zu Roland und Nibelung und mit ihnen, Carl den Großen von den Schwanringern zu Plesse und von dem kampferfahrenen und listigen Bastardbruder, Heiso Schwanenflügel erzählt. Neher hat den zum Speisezimmer bestimmten Saal des Schwanenritters gemalt, nach den Compositionen von Ruben.

Ein Saal stellt das Leben des Burgherren, ein anderer das Leben der Burgfrauen dar, im Krieg, auf der Jagd, beim Turnier, auf der Pilgerschaft, mit dem Minnesänger und Harfner, gegen den Armen und Siechen.

Den Lokalsagen vom Schwan und den Schwanenrittern stellt sich ein anderes Gemach mit bayerischer und deutscher Sage gegenüber, die von Autharis und Theodelinde, den Bund der Bajuwaren mit den Longobarden, — wie Autharis an Garibalds Hofe, als sein eigener Gesandter vermummt, den Becher von Theodelinden nimmt und ihr heimlich liebkoset, — wie die Prinzessin die vermeinte Unbild ihrer Amme klagt, — wie Autharis an der Gränze seines und des bayerischen Reiches dem bis dahin begleitenden Machtboten Königs Garibald sich zu erkennen giebt, mit Riesenkraft seine Streitart in den nächsten Baum haut, mit den Worten: — „Autharis selber ists, der solche Hiebe führt.

Die Sagen: Agilulf und Theodelinde, Theodelinde

und das Meerwunder aus dem Paul Diakon und Dresdner Heldenbuche, aus dem Decameron und Hans Sachs wären unstreitig auch sehr malerisch, jedoch hier nicht recht einzupassen.

Großartig ist dagegen die Sage, wie Deutschland, ja Europa, den Wiedererwecker des römischen Kaiserthumes aus Bayern empfing, wie Pipin im Kriege wider die Alemannen und Bajuwaren zu Weihenstephan bei Freysing Hof hielt und seine Braut, die Königstochter von Carlingen, von dem bösen Hofmeister mit seiner eigenen Tochter verwechselt, sie aber beraubt und dem Tode geweiht und nur durch die Barmherzigkeit wackerer Knechte am Leben erhalten ward, — ihre Zuflucht zu dem reichen Müller auf der Reismühle beim alten Heidenorte Gauting, ihr Wiederfinden durch Pipin und wie sie ihm das rechte Degenkind, Carl den Großen geboren. (Taschenbuch auf 1831. S. 206 — 214.)

Des Kronprinzen Schlafzimmer enthält sechs Darstellungen aus dem XIV — XVI. Gesange, die Episode von Rinaldo und Armida aus Tassos befreitem Jerusalem, — das Ankleidezimmer schöne Erinnerungen aus des Kronprinzen Reise in das Morgenland, seine Ankunft beim königlichen Bruder Otto in Nauplia, die Audienz beim Sultan, die türkische Flotte, die kleinasiatische Küste und Troja ꝛc.

Bis zu dem österreichischen Vandalismus von 1742, gehörte die Wasserleitung vom hohen Gebirge herunter, in messingenen Röhren, viertausend Fuß weit, bis ins Schloß Hohenschwangau geleitet, zu den Denkwürdigkeiten der Gegend. — Später mußte jedes ins Schloß hinauf gelieferte Fäßchen Wasser mit schwerem Geld aufgewogen werden. — Quaglios uneigennützige und auch außerhalb seines speciellsten Faches, gründliche Bemühungen, haben der Burg einen glänzenden Wasserreichthum verschafft. — Der den Alpsee und Schwanensee verbindende Wendling- oder Schwanenteich ist rein und übervoll. Nebst dem reichlichen Stall- und Küchenbrunnen, ist unter den drei Linden am zarten Madonnenbilde, der schöne Hofbrunnen. — Aus einer auf vier eisernen, in Bodenwehr gegossenen Löwen ruhenden Schale, springt dem Hauptbalkon gegenüber, eine Fontäne bis über 40 Fuß. Ein Tümpel im Felsen wurde sehr einsichtsvoll zu einem Felsenbade benützt, welchem gegenüber von Rosen zu anderthalb mannshoch umgeben, ein sogenannter Schleyerfall sich entwickelt, nicht in die Höhe springend, sondern nach allen vier Seiten abfallend: — ein im höchsten Grad anmuthiger Anblick —

Hier auf diesen waldumkränzten Höhen,
Unter Trümmern der Vergangenheit,
Wo der Vorwelt Schauer mächtig wehen,
Sei dies Lied, o Wehmuth, dir geweiht!
Trauernd denkt sichs, was vor wenig Jahren
Diese stolzen Ueberreste waren, —
Ein bethürmtes Schloß voll Majestät,
Auf des Berges Felsenstirn erhöht.

Hohen-Schwangau.

Romanzenkranz von Eduard Duller.

Prolog.

Rings ein halbes, sieches Wollen,
Abgelebt, bevor gelebt!
Blassen Weibern dort entrollen
Dichte Schleier, frisch gewebt.

Was aus Thränen sie gesponnen
Und bestickt mit rothem Blut,
Hängen sie an's Licht der Sonnen,
Trocknen sie an loher Gluth.

Rasseln hör' ich einen Wagen,
Seh ein Roß, das schnaubt und scharrt,
Fortgeschleift, statt stolz zu ragen,
Die gebundne Gegenwart.

Ueber Blumen, über Träume,
Ueber Hoffnungen, durch's Korn,
Ueber umgehaune Bäume,
Schweift das Roß im tollen Zorn.

Ueber Herzen, über Saaten
Stampfts hinweg mit breitem Huf
Und zerstampft entkeimte Thaten,
Taub der Klag', dem Hülferuf.

Funken knistern aus den Achsen,
Blut bezeugt entlang den Lauf,
Und aus den Geleisen wachsen
Sterbeseufzer schwer herauf.

Ach, wohin entflieht der D i ch t e r,
Der zu stolz ist und zu steif,
Daß er, mit dem Spottgelichter,
Zerre an des Rosses Schweif?!

Soll er flüchten, feige klagend,
In der Träume Schattenreich
Kokettiren, wie er – tragend
Ab sich härme, krank und bleich?

Soll er, an des Mädchens Busen
Sinkend, Liebeshauswirth sein?
Oder gar die Gunst der Musen
Frech entwürdigen im Wein?

Nein, er steigt mit sicherm Schritte
In der G r ä b e r alten Schacht —
Und beschwört mit kräft'ger Bitte
A l t e H e l d e n aus der Nacht.

Sie erwachen drinn; — sie neigen,
Lauschend, an die Wand das Ohr,
Rütteln zürnend sich und steigen
Erzgepanzert all' empor;

Rufen donnernd Todesweihen,
Herz an Herz und Schild an Schild,
Schreiten in geschlossnen Reihen,
Hin auf blutigem Gefild.

Blassen Weibern aus den Händen
Reißen sie den Schleier und den T r u g!
Denn der L ü g e Reich soll enden
Und des Jammers sei genug!

Nicht auf Unheilbares, — Pflaster
Pressen sie, auf gutes Glück, —
Bringen — nicht die alten L a s t e r, —
Alte M a n n h e i t nur zurück!

Allen Siebenschläfern schreien
In bemooste Ohren sie's:
M a n n h e i t muß euch erst befreien
Eh' ihr kommt ins Paradies.

Reißt euch aus des Dünkels Armen
Und umarmt die Kraft allein,
Gegenwart wird sich erwarmen
Und die Erde — Himmel sein.

Heinrich des Löwen Sterbelager.

Auf seinem Sterbelager
Ruht still der alte Leu,
Den Leib so welk und hager,
Den Geist noch stark und frei.
Rings um den müden Welfen
Preßt All' ein dumpfer Schmerz,
Denn Keiner kann ihm mehr helfen, —
Bald schlägt's zuletzt dies kühne Herz!

Er läßt sich, horchend, lesen
Aus altem Pergament,
Von ritterlichem Wesen,
Das manche Sage nennt,
Von hohen Ruhms Geschichten
Von Helden, keck und frei; —
Was Schriften treu berichten,
Er hat's erlebt, was Wechsel sei!

Wie's um das Aug' ihm grauet,
Denkt er auf's Einst zurück,
Da er umhergeschauet,
Ausfordernd kühn das Glück,
Da er mit starken Banden
Den Nord schloß an den Süd,
Im Mittagsglanz gestanden, —
Fast klingt's ihm jetzt wie'n Fabellied.

Er denkt's, wie knieend, flehend,
Vor ihm der Rothbart lag *)
Wie er, den Herrn verschmähend,
Stolz süßen Taumels pflag,

*) Zu Partenkirch.

Wie ihm vor Uebermuthe
Das Herz, wild lachend schwoll,
Die Stirn roth wie von Blute,
Die Seele reich an sattem Groll.

„Ja, das war ich, der Recke,
Stets vorwärts, nie kopfrum!
Hoch an des Himmels Decke
Schrieb dies mein Schwert den Ruhm. —
War einst bei seltner Taufe
Vergnügt Gevattersmann,
Wohl tausend Heiden*) zu Haufe
Sprengt' ich in's Bad,** — ich denk daran!"

Sein Aug' wird trüb' und trüber; —
Horch, draußen tobt's und fegt's.
Es keuchen Wolken vorüber
Plump an die Scheiben schlägt's
Der Wirbelwind jagt im Kreisel
Wie toll im Hof den Staub,
Haut wie mit schwirrender Geißel
Vom Lindenbaum herab das Laub.

Von allen vier Winden her wettert's
Als gält's: Zu längst gelebt!
Ein Puls! Ein Schlag! Laut schmettert's,
Daß jede Quader bebt.
Es wankt, wie in Pulsschlägen,
Das ganze feste Haus.
Da zittert auch mancher Degen
Und sinkt zu Boden im dumpfen Graus.

Heinrich, der alte Leue,
Erhebt sich ruhig allein,
Und spricht dann ohne Scheue:
„Reicht mir den Abschiedswein!
„Wohl Manches Pulse stecken, —
„Ich seh's — vor Donnerhall,
„Manch Herz ist jetzt erschrecken,
„Das nie gebebt vor Schwerterschall.

---

*) Slaven.
**) In den Schwerinersee.

„Ich aber, grau von Haaren,
„Dank meinem starken Gott,
„Daß ich zur Grube fahren
„Darf freudig, ohne Spott!
„Daß nicht ein dumpf Vergessen
„Auf meinem Sterben sei!
„Man wird's nach Wettern messen!
„In Wettern starb der alte Leu!"

Eine Thräne für Conradin.

I.

„O Conradin, mein Conradin,
Zieh nicht nach jenem Süden hin!
O Sohn, wie ist schon jetzt mir weh,
Wie erst, wenn ich Dich nimmer seh!

„Ach was dich lockt, mein armer Sohn,
Ich weiß, das ist der goldne Thron,
Drauf einst Dein Vater in Dornen saß; —
Er ist von Blut, von Thränen naß.

„Du hast ja hier Dein sichres Schloß,
Das Mutterherz, — dran wardst Du groß!
Dran wardst Du, dem man Alles nahm,
Gesalbt zum König — von meinem Gram.

„Ein goldner Reif, — der preßt dich wund.
Laß lieber die Stirn Dir küssen rund!
Ach, solltest Du — sterben, so jung Du bist —
Besser ich hätte Dich todt — geküßt! —

„Und locken Dich, Du mein armer Sohn,
Milde Perlen, gereiht um die Kron', —
Schau, wie sie schimmern weit klarer und hell
Aus meines Auges lautrem Quell!"

„„O Mutter! Mutter! Auf Gottes Welt
Nichts, was mein Herz so heilig hält,
Als Dich, o Mutter, als Dich allein.
Doch bin ich verzaubert! — Es muß so sein!

„„Deine Thränen, sie brennen — wie scharf!
Ach, daß ein Mann nicht weinen darf!
Deine Küsse, sie hauchen so lind
Als wie im May der Abendwind.

„„Hier nach dem schönen, heimischen Wald
Neigt mir die Stirn hin süße Gewalt; —
Aber dort in des Südens Grund
Ward ich verwurzelt zur bösen Stund'!

„„Weißt Du den Zauber, der mich verlockt,
Daß mir der Athem vor Thatlust stockt?
Dort auf dem öden, dem blutigen Platz
Liegt vergraben ein heiliger Schatz.

„„Recht! so ward er vom Ahnherrn benannt,
Aber ihn hütet eine eiserne Hand,
Aber drauf hockt ein giftiger Drach,
Der die Ehre in's Herz hinein stach.

„„Mutter, o Mutter! Fort muß ich, fort!
Daß ich ihn schlag' unter Gottes Hort. —
Wenn ich den Drachen: Gewalt erschlug,
Freudenthränen dann weinst Du genug!""

„Kämest Du wieder aus weiter Fern', —
Freudenthränen weint' ich ja gern!
Wirst Du glücklich, bleibst Du auch fern,
Freudenthränen, -- ach, — weint' ich ja gern!

„Wollte Dir dann entgegengeh'n, —
Wen ich am Wege würde sehn,
Dem würd' ich's rufen und bitten ihn;
„„Weint Freudenthränen für Conradin!""

II.

Eine Schlacht wird grimm geschlagen
Wie seit lange keine war,
Seit in sonn'gen Ruhmes Tagen
Hier vorbeiflog Roma's Aar.

Eine Treibjagd wird begangen
Rings um Feld und Dorf und Stadt;
Bis ein König sich verfangen,
Hetzte frisch der Schütz: Verrath.

Dort ein Schauspiel will man zeigen
Auf Neapels offnem Markt
Lustig führt der Tod den Reigen,
Der im Tod erst recht erstarkt.

Conradin, wie stolz er schreitet!
Selbst in Banden scheint er frei;
Zu dem Blutgerüst begleitet
Ihn die lange Klerisei.

Und im dichten luft'gen Haufen
Königsschatten hinterdrein!
All die todten Hohenstauffen
Tragen ihm den Leichenschrein.

„Letzter Sproß aus unsern Lenden
Unsrer Sonne letzter Schein!
Wir mit frommen Vaterhänden
Wiegen letzter Stauff, Dich ein!"

Ein Moment, — gedrängt zur Eile —
Der Jahrhunderte beraubt!
Horch! — Gott! siehst Du's? — Unter'm Beile
Fällt des Jünglings schönes Haupt.

Da, aus Lüften rasch hernieder
Schieß tein Adler aufs Schaffott,
Taucht in's Blut sein fein Gefieder
Und entfliegt, vom Purpur roth. — —

Eh' aus eines Menschen Munde
Todesweh die Mutter trifft, —
Bringt der Aar die Trauerkunde
In des Fittichs rother Schrift.

III.

Durch der Alpen klippige Risse,
Und wo der Strom im See sich verschnaufs
Pilgert die Mutter, wund die Füße,
Ihr blondes Haar in Jammer zerrauft.

Eh' ihr's sterbliche Lippen vertraun,
Hat ihr's der König der Lüfte gesagt.
Thränen sind Balsam, aber sie thauen
Der Mutter nicht, die um Conradin klagt

Drum, wen sie begegnet, Reichen und Armen,
Den fleht sie an mit heiligem Gruß:
„Eine Bettlerin! Habt Erbarmen!
Im Elend zum Elend wandelt mein Fuß.

„Nicht Almosen begehr' ich zu haben,
Thränenlos bettl' ich um höhern Gewinn, —
Ich möcht' in Thränen mein Kind begraben! —
Schenkt eine — Thräne für Conradin!"

Der Mönch auf Hohen-Schwangau.

„Wer klopft so spät in stiller Nacht?"
Des Hauses Hüter sind aufgewacht,
Von Freiberg die beiden wackern Degen,
Bekannt als gastlich allerwegen.
Sie traten rasch an des Schlößleins Thor;
„Sagt draußen an: Wer steht davor?"

„„Ein langer Mantel bringt eine Kapuz',
Bei guten Harnischen sucht sie Schutz.
Ihr zween Freiberger, wollt ihr sie leiden?
Etliche wollten die Kapuz' zerschneiden:
Etliche Motten, wären 's' noch so klein,
Hätten sich gern genistet hinein!""

„Und ist's ein langer Mantel, den kennen wir gut.
Langmantel! komm in der Freiberger Huth.
Und steckt in der Kapuz' ein frommer Scheitel,

Wollen ihn schirmen; unser Wort ist nicht eitel,
Ob uns ein Glatzkopf auch sonst nicht behagt,
Kommt nur herein, nicht weiter befragt!"

„„Ihr zween Freiberger, da sind wir beid',
Der Lang-Mantel und das Ordenskleid.
Schaut. Ein Augustiner kann ein Schwert auch führen,
Und geht doch heimlich anjetzt terminiren.
Sein Schwert ist die Wahrheit! drum mußt' er fort;
Er geht terminiren — mit Gottes Wort!

„„Ihr zween Freiberger, das ist der Mann;
Der sagt: Gottes Wort, das lasset nur stehn!
Von Augsburg sind wir heimlich entritten,
Gott half uns aus der Pfaffen Mitten;
Die Kraft des Herrn ward ihm als Stab,
Wies in der Noth ihm: Dahinab!

„„Nun werden sie morgen ihn suchen gar bald,
Die Großen, die Kleinen und Jung und Alt,
Die Dicken, die Dünnen, die Schreier, die Heisern,
Mit Worten von Wachs, und mit Worten gar eisern,
Und werdens aussprengen zu Jedermanns Graus:
Dahinab half ihm der — Teufel hinaus!""

„Ihr Herrn, den Teufel fürcht' ich nit,
Von dem Wort Gottes laß ich nit;
Ob sie's schrauben, martern und plagen,
Bis an's End' werd' ich die Wahrheit sagen.
Helf Gott mir! Ich kann nicht anders! Amen!
Marthin Lutherus heiß' ich mit Namen."

„Ein feste Burg ist unser Gott,
Ein starke Wehr und Waffen,
Er hilft uns treu aus aller Noth
Die uns anjetzt betroffen,
Der alte, böse Feind,
Mit Ernst er's jetzo meint
Groß' Macht und arge List
Sein grausam Rüstung ist."

„Mit unsrer Kraft ist Nichts gethan,
Wir sind' gar bald verloren,
Doch streit't für uns der rechte Mann,

Gott hat ihn auserkoren. —
Ihr fragt noch: wer er ist?
Der Herre Jesu Christ!"

Und als der Mann Gottes dies Wort gesagt
Zu den zween Freibergern unbefragt,
Da sind sie voll Freuden hoch aufgesprungen,
Und haben ihn als deutsche Männer umschlungen.
„Kehrt solch ein theurer Gast uns ein
Soll ein deutsches Herz ihm Lagerstell' sein!

Soll er dran schlafen sicher und fest,
Als wie ein Adler auf hohem Nest;
Hier aus den Felsen, zwischen den Tannen
Reißt ihn der Teufel selbst nicht von Dannen;
Im Mantel der Treu' er zu Rosse saß!
Deutsche Mannheit gilt auch noch was!"

Der letzte Ritter nimmt Abschied.

Kaiser Max, der ehrenreiche,
Reitet fort aus Augsburgs Mauern.
Und der Reichsstadt Bürger trauern;
Ob sie je ihn wiederschauen?!
Wie so trüb der alte, bleiche
Kaiser trabt auf sanftem Schimmel!
Wie so freundlich blau der Himmel
Blicket auf den Grauen.

„Lebe wohl!" — (mit matten Lippen
Spricht der Kaiser diese Worte,) —
„Lebewohl, des Südens Pforte,
Augsburg, lieb mir ohne Gleichen! —
Schon im Grab mit einem Fuße
Reich' ich euch die Hand zum Gruße, —
Werd' sie nimmer reichen!"

„Frauen, Männer, Greise, Knaben
Drängen sich, die Hand zu fassen,

Wogend durch die engen Gassen,
Keiner lang so trüb wie heute! —
Fernab jetzt die Rosse traben
Nach Tyrols umfelsten Marken,
Wo, im Waidwerk zu erstarken,
Max sich oft erfreute."

„Dort nach Füssen laßt uns reiten
Nach dem Schlößlein, (spricht er winkend,)
Dessen Thürme, goldig blinkend
Steh'n zu dreier Länder Luge. —
Auf, in unbekannte Weiten
Sehnt mein Geist sich, ordenmüde;
Flög' auf einem Heldenliede,
Ich im letzten Fluge!"

„Auf dem Schlößlein laßt mich rasten
Wo Lutherus jüngst gerastet,
Jener Münch den ihr verpaßtet,
Der am Leib' euch sollte büßen! —
Was? im selben Schloß zu gasten!?
Wird das Aug' mir immer trüber,
Sieht die Sonne hell doch drüber,
Scheidend mir's zu küssen."

„Sonne! — Fürsten sind wir beide: —
Du wirst wieder bald gefunden,
Bringst die altgewohnten Stunden
Deinem Volk, — den Menschen, wieder. —
Ich auch fühl's, daß bald ich scheid.
Doch mit mir, dem alten Knaben,
Wird die alte Zeit begraben,
Und sie kommt — nicht wieder!"

„Rüst'ger Hände kühne Thaten,
Namen, blank im Waffenruhm,
Und die schöne Wunderblume:
Ritterthum, wird mit begraben.
Keimen werden neue Saaten,
Treten werden in die Schranken
Neue Ritter, — die Gedanken,
Leuchtend hell und hoch erhaben."

„In der Abendsonne Klarheit
Seh' ich schon zum Kampf' sie jagen,
Kühn das Wort als Lanze tragen,
Seit der Aufruf donnernd hallte.
Ihre Dame ist: die Wahrheit.
Ach, im Scheiden macht mir's Wonne,
Daß ums Licht, du Mutter Sonne!
Kampf sich, — Sieg entfalte!"

FSC
www.fsc.org
MIX
Papier | Fördert gute Waldnutzung
FSC® C083411

Kolibri 360 GmbH
Ferdinand-Jühlke-Straße 7
99095 Erfurt, Deutschland
produktsicherheit@kolibri360.de